# 面向矿井提升机的电机械制动方法与试验研究

MIANXIANG KUANGJING TISHENGJI DE
DIAN JIXIE ZHIDONG FANGFA YU SHIYAN YANJIU

靳华伟 ⊙ 著

中南大学出版社
www.csupress.com.cn
·长沙·

前言
Foreword

    矿井提升机是实现煤矿机械化、自动化和智能化的重要设备，其制动系统性能的优劣将直接影响煤矿生产的正常运转。目前采用的液压制动系统液压油路众多、结构复杂、维护成本较大，为简化提升机制动系统结构，降低使用成本，本书依据《煤矿安全规程》要求，结合现有液压盘式制动器的工作原理，基于"电机—减速增扭结构—垂直换向结构—闸瓦"结构、缩比实验理论，提出了电机械制动方法，开展了制动器的结构设计、控制系统设计、多目标优化、疲劳寿命分析、有限元仿真分析、可靠性分析、动力学仿真分析、动静态制动实验台搭建、性能测试以及实验室试验等内容的研究，主要研究内容及章节如下。

    第1章，绪论。总结了制动器国内外研究现状，并对比分析了液压制动与电机械制动的优缺点，提出了电机械制动新的思路。

    第2章，电机械制动器理论分析与结构设计。提出了电机械制动器结构设计方案，基于缩比实验理论完成了关键零部件选型、制动器样机和动静态试验台的结构设计。

    第3章，制动器壳体多目标优化与稳定性分析。建立了多目标优化数学模型，开展了静力学和动态特性分析，完成了壳体结构的优化，通过壳体疲劳寿命对比分析，得到了碟形弹簧的动态特性。

    第4章，控制系统设计及仿真分析。提出了电机械制动的控制策略，设计了控制器，对比分析不同控制器下制动力控制和制动间隙调节的响应特性，确定了控制效果较优的控制算法。

    第5章，制动器响应特性分析及其动力学仿真。建立了刚柔耦合动力学模型，开展了电机械制动器动力学仿真，分析了不同制动正压力、不同制动初速度、制动盘与闸瓦间不同摩擦因数等的影响。

第6章，电机械制动系统结构及可靠性分析。分析了矿井提升机电机械制动系统，研究了故障产生原因，构建了电机械制动系统故障树模型，分析了故障树模型转化贝叶斯网络的方法。

第7章，关键部件仿真分析与优化。仿真分析了电机械制动系统的行星齿轮减速器、碟形弹簧、滚珠丝杠等关键部件的强度、刚度、疲劳寿命，确定了是否达到使用需求。

第8章，电机械制动器系统设计及其静动态特性。搭建了硬件系统试验台、控制系统和采集系统，得到了制动器正压力与电压、堵转位移的关系，验证了制动响应性能，并完成了闭环控制性能测试。

第9章，制动盘传动主轴旋转振动轨迹分析。分析了制动盘主轴运转过程中的不平衡故障，设计了轴心轨迹离线提纯程序，提出了转盘单侧附加配重块的转子不平衡故障实验方法。

第10章，电机械制动系统振动故障检测与减振分析。设计了轴心轨迹故障反馈制动在线控制和反馈程序，提出了在闸瓦背部附加消音片的减振实验方法，并进行了制动实验分析。

第11章，总结。

本书所有章节均为安徽理工大学靳华伟著。感谢国家自然科学基金委员会和安徽理工大学的资助。

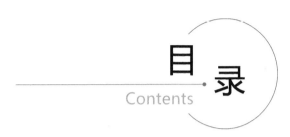

目 录
Contents

# 第1章

# 绪 论

## 1.1 研究背景

　　煤炭是我国能源安全的压舱石，是一次能源中经济性最高和可靠性最好的资源[1]，主要获取方式是以井下开采为主，平均井深 500 m，开采作业条件较为复杂，90%以上的煤炭资源仅能采取井下开采的方法获取，且平均开采深度达 600 m[2-3]。此外，我国作为世界上最大的能源消费国，对于煤矿的需求一直居高不下，而浅部矿物资源是有限的[4-5]。《"十三五"国家科技创新规划》明确提出了我国煤炭"深地"开采战略，但深地开采所面对的环境将更为苛刻，亟须突破煤炭深部开采核心技术和提升装置的自动化、智能化水平[6]。自动化和智能化煤矿的提升需要以先进、智能、高可靠性的智能装备为基础，要学习"他山之石"，将其他行业现有成熟的智能技术转化并应用于煤炭生产领域[7]。

　　矿井提升机是煤矿安全生产中的关键设备，其制动系统的制动性能将直接影响整个矿井的正常生产[8]。传统矿井提升机制动系统由盘式制动器、液压站两大部分组成[9]，实际工作中液压制动系统的液压管路较为复杂，使用过程中可能会存在液压油泄漏以及液压油变质或含有杂质等问题，易造成电磁阀阻塞，从而影响盘式制动器制动效果，且后期系统维护成本较高[10]。中国煤矿安全网对 2016 年至 2021 年 3 月全国主要煤炭安全事故类型及所发生的事故数[11]进行统计的数据，如图 1-1 所示。

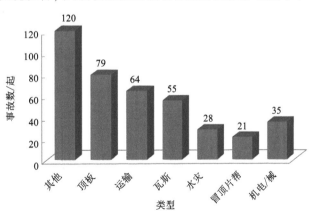

图 1-1　2016—2021 年 3 月我国主要煤炭安全事故类型和事故数

从图 1-1 中可看出，从 2016 年到 2021 年 3 月，运输类安全事故有 64 起，而运输过程中发生安全事故往往和制动系统的性能紧密关联[12]，因此探索新的制动技术以研究矿井提升机制动系统是有必要的。

经调研发现，应用于航空航天[13-14]、轨道交通[15-16]和汽车[17-19]等领域的电机械制动技术方法的机械化和自动化程度颇高，如图 1-2 所示的电机械制动器在结构上将动力源由液压站替换成力矩电机，将制动对象集合成一个实时控制的电控系统，其具有结构简单、无泄漏、定比传动和便于联网控制等优点，较为契合当前煤矿矿井提升机制动系统[20]，为降低维护成本，提升矿井提升机制动系统的智能化、自动化水平提供了一种全新的思路[21]。

(a) 在汽车上的应用　　　　　　　　(b) 在轨道交通上的应用

图 1-2　电机械制动技术的应用

## 1.2　国内外研究现状及发展趋势

### 1.2.1　液压制动国内外研究现状

矿井提升机制动系统包括工作制动器和安全制动器两种[22]，其中安全制动器以往采用的是径向制动器，存在体积大、成本高等不足。随着科学技术的发展，至 20 世纪初，国内外学者研究发现应用于飞机和汽车上的盘式制动器制动效果优异，且具有制动间隙自调节等优点[23-24]。随着时间的推

图 1-3　提升机中的盘式制动器实物图

移和研究的深入，盘式制动器逐渐应用于煤炭工业领域，当前国内外对煤矿矿井提升机的液压制动技术的研究均取得了较好的成绩，尤其是在制动器结构设计、可靠性等方面。如图 1-3 所示为应用于提升机中的盘式制动器。

1）结构优化方面

在针对盘式制动器结构设计的研究中，2012 年，冯敏[25]为提升制动器制动性能，从结构设计的角度出发分析了当前制动器失效的原因，提出了一种后置盘式制动器的结构，试验测试发现所设计的后置盘式制动器可有效提升制动器制动性能；2014 年，贾玉景等[26]设计了一种制动性能安全可靠、响应速度快的常闭式盘式制动器；2015 年，中南大学唐进元等[27]利用计算辅助集成技术——包括 Catia、Abaqus/MATLAB，完成了盘式制动器中钳体的轻量化设计；2016 年，胡全丹等[28]对现有的双盘制动器进行结构上的改进，并运用软件分析改进前后的结构温度场，仿真结果表明改进后的制动器在制动过程中，原本温度最高位置的温度显著降低；2019 年，刘英华等[29]基于盘式制动器的工作原理，分析了不同制动间隙下不同厚度的碟形弹簧对制动力矩的影响；2019 年，南京工业大学施佳辉等[30]为降低制动过程中制动盘与制动块共振产生的影响，利用 Dynamometer-GIANT 8600 惯性试验台开展了振动噪声试验，试验发现改变制动器的阻尼比，可有效降低共振产生的消极影响；2020 年，中国矿业大学惠梦梦[31]为验证所设计的无轴盘式制动器的制动效果，开展了无轴盘式制动器和后置盘式制动器关键零部件的结构和振动特性研究，结果表明无轴盘式制动器较后置盘式制动器制动效果更佳。

国外研究者中，MASOOMI 等[32]为降低制动过程中的噪声，研制了一种具有热敏模量特性的 TPE 摩擦材料，试验结果表明该材料在降噪性能方面表现优异；SODERBERG 等[33]研究了如何利用有限元分析软件来预测刹车片的磨损、盘式制动器垫与转子间的磨损和接触压力分布；MATSUSHIMA 等[34]为提高制动器制动性能，提出了一种通过适当修改系统参数来降低低频制动噪声的概念性设计方法；OSENIN 等[35]提出了盘式制动器摩擦单元的设计，其创建的基础是具有不同性能的摩擦材料的组合，基于盘式制动器摩擦单元结构形成的标准，使用不同性能的摩擦材料制成的制动衬片初始线性磨损率一致，与传统设计相比，其所提出的组合方案是具有前景的。

2）可靠性方面

在针对盘式制动器可靠性的研究中，2013 年，金川集团股份有限公司李生军[36]阐明了影响提升机液压制动系统的关键因素包括制动力、电磁换向阀和制动油泵等，并据此给出了可行的检测与处理方案；2016 年，太原理工大学黄家海等[37]为提高制动系统的安全性和可靠性，提出了一种恒减速制动系统改进方案，试验验证了该方法可有效提升制动系统的可靠性与安全性；2017 年，中国矿业大学（北京）李娟娟等[38]对我国所研究的状态监测和诊断研究进行了具体的总结与分析，为研究制动系统的智能维护体系提供了技术支持；2018 年，太原理工大学李娟莉等[39]提出了一种基于三层多源信息融合的提升机制动系统故障诊断方法，并对大量的历史数据进行诊断测试，诊断结果表明该方法可显著提高系统的可靠性；2018 年，中南大学王刚等[40]为验证系统运行过程中各项参数的合理有效性，基于多个软件联合仿真建立了集机械、液压、电气于一体的仿真系统，仿真结果表明制动系统所运行的各项参数均合理。

国外研究者中，ALEKSENDRIC 等[41]建立了盘式制动器冷态性能的神经模型，模拟了制动器的摩擦材料的性能和制动工况下的协同效应；BAO 等[42]为研究盘式制动器紧急制动工况下的性能，建立了盘式制动器热摩擦动力学模型，结果表明非线性的减速度会造成制动在开始时难以达到预期效果；WOLNY[43]推导出了提升机制动力系统参数分析公式，结合分析结果可有效降低紧急制动工况下，由减速度变化造成起重绳索断裂引发的安全事故的概率，有效提高了制动系统的可靠性能；YEVTUSHENKO 等[44]对摩擦过程中的轴对称热传导问题进行了 FEA 分析，分析了三种不同的材料，得出了摩擦因数和磨损率对温度的依赖性较高的结论，为提升机制动可靠性的提高提供了一个思路。

## 1.2.2　电子机械制动国内外研究现状

### 1）结构优化方面

电子机械制动器的线控制动方法[45]由美国固特异公司首次提出，该项技术最早应用于航空航天领域，20 世纪 80 年代在 A-10 攻击机上成功完成了电子机械制动器的试验。自此，众多汽车零部件公司[46-48]相继开展了对电子机械制动器的研究，如德国的 Continental Teves 公司采用行星齿轮搭配滚珠丝杠，将电机的旋转运动转化为直线运动，实现了制动器的减速增扭。其所开发的试验样机实物图如图 1-4 所示。

**图 1-4　Continental Teves 样机执行器实物图**

Siemens 公司采用内置电机直接带动滚珠丝杠运动，有效缩小了制动器体积，并采用杠杆增力机构代替行星齿轮减速增扭装置，实现了制动正压力的放大。其所开发的制动器样机实物与结构示意图如图 1-5 所示。

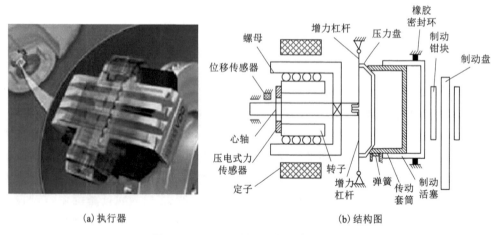

（a）执行器　　　　　　　　　　（b）结构图

**图 1-5　Siemens 样机执行器与结构图**

Bosch 公司采用电磁离合器直接控制摩擦盘的方法，从而达到摩擦盘的转动与制动目的，有效提高了制动的效率。其所设计制作的样机实物图如图 1-6 所示。

美国 GM，意大利 Bertone，法国 Citroen，日本 Denso、Advics、Nissan 等公司也成功开发了电机械制动器样机[49-50]，并通过大量样机测试，验证了电机械制动的可行性和可靠性。韩国和日本等国家的铁道研究机构已成功将电机械制动技术应用于轨道交通制动领域，推动了大推力高响应电机械制动技术的发展[51-52]。

图 1-6 Bosch 样机执行器实物图

我国对于电子机械制动器的研究起步较晚，目前研究主要集中于高校，如张猛[53]对电子机械制动器的控制，以力矩电机模拟制动系统中执行机构的方法进行研究；赵春花[54]利用建模软件完成了制动器三维模型的建立，并对制动器的整体结构开展了静力学和动力学分析；傅云峰[55]利用工程学设计理论，对制动器进行功能组合和拆分，得出了三种设计方案，通过模糊综合评价法确定了最佳方案；赵一博[56]提出了一种将行星齿轮减速器内置于分装式力矩电机内部的方案，在满足制动力矩要求的情况下大大缩小了制动器的体积，搭建的实物图如图 1-7(a)所示；杨坤[57]以汽车为对象，如图 1-7(b)所示，针对该车型研制出了电子机械制动器，搭建了 VSC 控制算法和控制器硬件部分，为后续的研究提供了重要参考。

(a) 清华大学制动器试验台　　　　　　　(b) 吉林大学制动器试验台

图 1-7 制动器试验台

2) 可靠性方面

近年来，国外许多学者针对电子机械制动器控制策略进行了深入研究，LINE 等[58]因以振动级联比例积分控制和嵌入式反馈回路来调节夹紧力、电机速度和电机电流/扭矩能力有限，提出了一种改进版的控制架构，即预测电机扭矩的模型对制动器的性能进行了改进；PARK 等[59]提出了一种基于自适应滑膜控制法(SMC)的新的电机械制动器夹紧力控制器，以克服传感器的安装和响应延迟等问题，并通过试验对比分析了现有的控制器性能；LEE 等[60-61]提出了具有不同传感器要求的两种衰减算法，第一种方法建立在线性参数变化的控制结构基础上，第二种方法是检测自适应前馈补偿，试验研究表明其所研究设计的补偿器取得了良好的结果。

国内,湖南大学贾明菲[62]为提升制动可靠性,基于制动器工作原理完成了数学模型和三闭环控制策略的建立,并仿真验证了控制策略的可行性;合肥工业大学朱雪青[63]设计了电子机械制动器的结构并搭建了试验台,如图1-8(a)所示,对所设计的三种控制策略进行仿真分析和试验验证,并取得了较好的效果;同济大学的研究者[64-66]针对精确控制电机驱动制动系统的研究已经取得了一定的成果,设计了适用于轨道交通的电机械制动系统,如图1-8(b)所示为电机械制动器样机。

(a) 合肥工业大学试验台           (b) 同济大学电机械制动单元

**图 1-8 制动器样机**

由上述国内外学者的研究成果可知,电机械制动[67-68]技术与煤矿矿井提升机的高响应[69-70]和高可靠性[71]的发展方向高度契合。结合国内外公开文献资料可知,德国斯图加特大学 Dirk Moll 等研究小组[72]致力于矿井提升机制动系统的智能化进程,开展了电机械制动技术在煤矿矿井中的应用研究,但电机械制动方法在提升机领域的应用尚未引起国内学者足够的重视。

# 第2章

# 电机械制动器理论分析与结构设计

## 2.1 引言

基于矿井提升机运动学理论和制动系统制动原理，提出了一种适用于矿井提升机的电机械制动方法，完成了"电机—减速器—传动机构—制动踏面"结构设计；通过控制碟形弹簧间接制动，实现了制动方式由主动到被动制动的转换；结合《煤矿安全规程》规定，给出了电机械制动器的制动要求，完成了电机械制动器关键零部件的设计与选型，利用 Solidworks 三维建模软件建立了电机械制动器以及静动态试验台的三维模型，为搭建试验样机与试验台和开展制动器性能测试打下了坚实的基础。

## 2.2 矿井提升机制动机理

### 2.2.1 提升机运动学理论

矿井提升系统运动学理论来源于达朗贝尔原理，将此理论应用于提升系统，可得到在任何时刻提升机滚筒主轴上所受力矩的平衡方程为：

$$M_D = M_{jz} + M_z + M_g \tag{2-1}$$

式中：$M_D$ 为电机产生的拖动力矩；$M_{jz}$ 为提升系统的静阻力矩；$M_z$ 为提升机工作时的阻力矩；$M_g$ 为提升系统的惯性力矩。

1）提升系统的静阻力矩 $M_{jz}$

矿井提升机整个系统中的静阻力矩包括有益载荷、容器自重以及钢丝绳重。为抵消容器自重，提高矿井提升机的提升效率，当前大部分矿井采用双容器实现货物或员工的提升。如图 2-1 所示，钢丝绳作用于滚筒两侧的转矩方向相反，因此静阻力矩在数值上等于上升绳段和下降绳段静力矩之差，具体表达式如下：

$$M_{jz} = M_{sj} - M_{xj} = F_{sj}R - F_{xj}R = [Q + Q_z + P(H-x) + qx]R - [Q_z + Px + q(H-x)]R \qquad (2-2)$$

整理可得：

$$M_{jz} = [Q - (q-P)(H-2x)]R \qquad (2-3)$$

式中：$Q$ 为载荷重，kg；$Q_z$ 为容器自重，kg；$M_{sj}$、$M_{xj}$ 分别为上升、下降绳段静阻力矩，N·m；$F_{sj}$、$F_{xj}$ 分别为上升、下降绳段静张力，N；$P$ 为每米钢丝绳重，N/m；$q$ 为每米尾绳重，N/m；$H$ 为容器上升高度，m；$R$ 为滚筒半径，m。

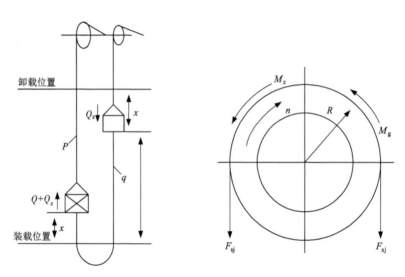

**图 2-1 矿井提升机提升系统图**

2）拖动力矩 $M_D$

拖动力矩即滚筒钢丝绳圆周上的力矩，其方向和滚筒的转动方向一致，其拖动力、滚筒半径与力矩的关系为：

$$M_D = FR \qquad (2-4)$$

式中：$F$ 为拖动力，N；$R$ 为滚筒半径，m。

3）提升机工作时的阻力矩 $M_z$

提升机在运行时存在多种阻力，如天轮与钢丝绳间的摩擦阻力、空气阻力、滚筒轴承转动阻力等，这些阻力均非定值，难以计算出精确值。为简化计算过程，引入参数 $\xi$ 和载荷 $Q$ 的乘积表示阻力，其中 $\xi$ 是百分数，当容器箕斗向上提升时，其值取 15%；当罐笼向上提升时，其值取 20%，则阻力矩表达式为：

$$M_z = \xi Q R \qquad (2-5)$$

4）惯性力矩 $M_g$

提升机系统的惯性力矩是系统在工作过程中产生的惯性力而形成的力矩，即抵抗速度变化的力矩，其关系式为：

$$M_g = F_g R = \sum maR \qquad (2-6)$$

式中：$F_g$ 为惯性力，N；$\sum m$ 为提升机运转工作部分质量变位至滚筒上的质量，kg；$a$ 为容器工作时的加速度，m/s²。

将式(2-3)、(2-4)、(2-5)和式(2-6)代入式(2-1)中可得:

$$FR=[Q-(q-P)(H-2x)]R+\xi QR+\sum maR \tag{2-7}$$

两边消去 $R$ 可得:

$$F=kQ-(q-P)(H-2x)+\sum ma \tag{2-8}$$

由式(2-8)可知,拖动力是关于容器加速度 $a$ 和行程 $x$ 的函数,而 $x$ 与时间 $t$ 相关,故拖动力也是关于时间和加速度的函数。因此分析提升机运动学理论是研究滚筒两侧拖动力变化规律的基础,采用提升速度和提升时间的 $v$-$t$ 图像来描述提升机提升在加速、匀速、减速一个循环内的运动规律。以主井底箕斗提升为例,为降低井架和曲轨之间的冲击,保证停车位置的精准度,需要有一段低速爬行阶段,且该阶段速度不能高于 0.5 m/s,据此绘制出提升机的六阶段速度图,如图 2-2 所示。

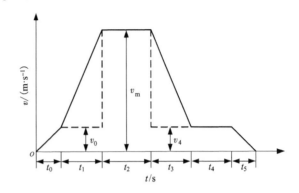

$t_0$—初始加速段时间,s; $t_1$—主加速段时间,s;

$t_2$—等速段时间,s; $t_3$—主减速段时间,s;

$t_4$—爬行段时间,s; $t_5$—停车抱闸段时间,s。

**图 2-2　六阶段速度图**

本书主要研究的为 $t_5$ 停车抱闸段,当容器到达停车位置,盘式制动器开始对制动盘进行抱死,最终实现提升机制动。

## 2.2.2　提升机制动原理

提升机制动的方式包括机械制动和电气制动两种方式,当前应用于提升机上的机械制动器有块式制动器、盘式制动器,两者结构简图如图 2-3 所示。

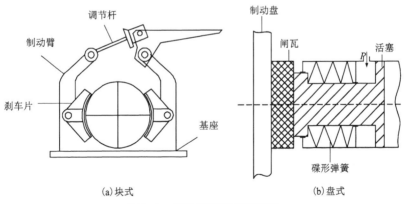

(a)块式　　　　　　　　　(b)盘式

**图 2-3　两种制动器结构简图**

由图 2-3(a)可知,块式制动器的制动是通过两侧刹车片压紧制动盘实现,对比盘式制动器,其所需空间较大。此外,盘式制动器相较于其他制动器具有优越的响应性能和适用性,且当前煤矿工业生产中使用的制动器仍为盘式制动器,其工作过程分为开闸和闭闸两部分。

(1)开闸:开闸过程即解除制动过程。由图2-3(b)可知,当液压站开始供油时,油液经进油口 $P$ 流入腔体压缩碟形弹簧(简称碟簧),伴随油压的不断增大,直至油压达到工作油压时,碟簧压缩达到最大值,至此完成制动器开闸的过程。

(2)闭闸:闭闸过程即制动过程。当液压站停止供油时,腔体内部油压会逐渐降低,碟簧压缩量也随之减小,当油压降低到最低工作油压时,液压力低于碟簧作用力,在力的作用下闸瓦压紧制动盘,实现闭闸。

### 2.2.3 电机械制动方法

基于盘式制动器的工作原理和提升机运动学理论,本书提出一种适用于矿井提升机的电机械制动器结构设计构想。采用机械设计的方法,给出了"电机—减速器—传动机构—制动踏面"结构示意图,如图2-4所示。当电机反转压缩碟形弹簧,实现松闸后,电机断电,此时碟形弹簧的张力大于螺母的压力,使得碟形弹簧推动螺母移动,带动闸瓦贴向制动盘,实现了电机机构控制碟形弹簧的被动制动。

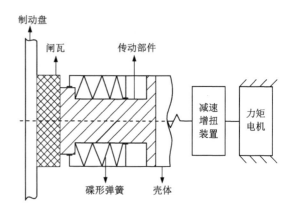

图 2-4 电机械制动器结构构想

## 2.3 电机械制动器设计

### 2.3.1 制动器功能与设计要求

电机械制动器制动过程作为矿井提升机停车抱闸阶段的关键环节,其作用是根据实际工况要求产生相应的制动正压力。其制动性能将直接影响制动效果和工作人员的生命安全。因此该制动器的设计需要从制动效能出发,综合考虑其体积、响应、制动能力等诸多因素,以保证结构设计的合理性和适用性。需要遵循的几点具体要求如下。

(1)能够产生足够大的制动力。提升机制动效能越好,所需的制动力越大。当前使用的盘式制动器制动力大小与液压力息息相关,因此电机械制动器在设计时应以盘式制动器的制动力为目标。

(2)响应快、作用时间短。盘式制动器的响应时间包括消除间隙时间和堵转制动时间两部分。根据规定,消除间隙时间不得大于 0.3 s,这就要求电机具有足够的转矩和较强的响应性能,以消除制动间隙,在短时间内实现堵转制动。

（3）结构紧凑、体积小巧。从节约空间和成本的角度出发，制动器整体尺寸不宜过大。在满足制动性能要求的情况下，制动器力求紧凑，以便于安装和拆卸。

（4）安全可靠、可持续工作时间长。矿井提升机是煤矿开采的咽喉设备，制动器性能的优劣至关重要；在堵转情况下不仅要求制动器能够产生制动力，也要求制动器具有可靠性。

## 2.3.2　结构设计开发流程

制动器结构设计开发流程如图 2-5 所示。电机械制动器的设计开发首先应确定制动器传动的基本方案，其中主要包括动力源电机型号的确定、减速增扭装置行星齿轮几何参数的确定、传动机构滚珠丝杠几何参数的确定，基于结构的合理性，进行三维结构的绘制与装配，并校验各个零部件之间是否存在干涉。若不能满足设计要求，则需要重新进行理论修改计算和结构设计，然后再次进行装配，直至装配无误后，开始以购买或机加工的方式获取各个零部件，最终完成制动器样机的组装。

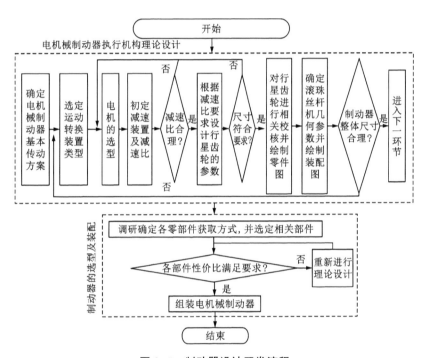

图 2-5　制动器设计开发流程

## 2.3.3　制动器执行机构确定

电机械制动器由动力部分、传动部分和末端执行部分三大部分组成。制动器系统的原理图如图 2-6 所示。利用外部发出的控制信号控制力矩电机输出力矩和转速的大小，经由减速装置减速增扭后，通过运动转换装置将旋转运动转换为平动运动，以将碟形弹簧压缩或伸张，产生弹簧力传递至制动踏面，从而使得制动踏面压紧制动盘完成制动。

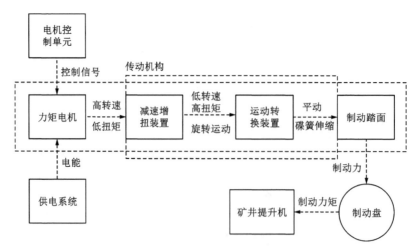

图 2-6　电机械制动器系统原理图

1）力矩电机的确定

力矩电机作为制动器的唯一动力源，其合理的选型是保证电机械制动器制动性能的关键。由于所设计的制动器需要具备制动力矩大、响应速度快等特点，因此电机的选型十分重要。当前可选用的电机主要有交流异步电动机、有刷直流电动机和无刷直流电动机3 种，通过表 2-1 的对比分析后，本研究选用无刷直流力矩电动机作为制动器的执行电机。

表 2-1　不同电机的特点

| 电机类型 | 优点 | 缺点 |
|---|---|---|
| 交流异步 | 成本低 | 体积大、效率不高 |
| 有刷直流 | 性能较好；具有直线扭矩速度特性 | 易发生故障，经常维修 |
| 无刷直流 | 质量、尺寸合适；具有直线扭矩速度特性 | 价格高、控制要求高 |

2）减速增扭装置的确定

当前减速增扭装置主要有行星齿轮减速器和涡轮蜗杆减速器两种，两者均可将电机传递的扭矩及速度进行减速增扭，以达到制动器所需的制动力和制动间隙消除时间。如图 2-7 所示分别为两种减速器的示意图。

制动器在工作过程中会不可避免地产生冲击和振动，考虑到行星齿轮减速器具有运动平稳、抗冲击和抗振等特点，本研究选用行星齿轮减速器作为减速增扭装置。

3）运动转换装置的确定

运动转换装置的主要功能是将电机的转动转化成闸瓦的直线移动，以压紧制动盘实现制动。常见的运动转换装置包括适用于升降机的齿轮齿条机构和适用于精密制造业的螺旋传动机构。如表 2-2 所示为不同转换机构的特点，考虑到制动间隙为 1 mm，本研究选用螺旋传动机构作为运动转换装置。

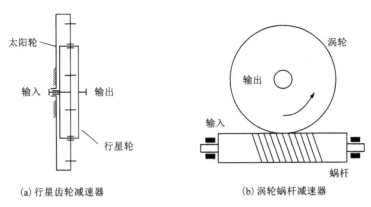

（a）行星齿轮减速器　　　　　　（b）涡轮蜗杆减速器

**图 2-7　减速增扭装置**

**表 2-2　不同转换机构的特点**

| 类别 | 益处 | 弊端 | 应用场所 |
|---|---|---|---|
| 齿轮齿条机构 | 传递动力大，可靠性高 | 输出间断力，安装精度要求高 | 升降机 |
| 滚珠丝杠副 | 精度高，运动平稳 | 无自锁 | 精密仪器 |
| 滑动丝杠副 | 加工简单 | 无自锁 | 精度中等 |

依据制动器各组成部分的方案选择结果，无刷直流力矩电机作为动力源、行星齿轮机构作为减速增扭装置、滚珠丝杠作为运动转换装置，考虑到制动器的整体尺寸以及结构紧凑问题，设计的电机械制动器结构简图如图 2-8 所示。

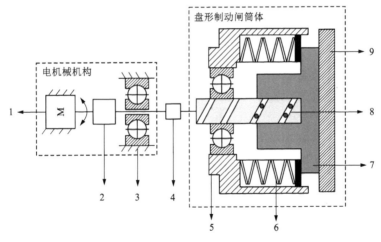

1—电机；2—减速器；3—轴承座；4—联轴器；5—筒体；6—碟形弹簧；7—螺母；8—丝杠；9—闸瓦。

**图 2-8　电机械制动器结构**

## 2.4　电机械制动器各零部件设计与选型

### 2.4.1　缩比实验理论分析

在工程实验中，面对整体尺寸不大的实物，学者们通常将实物作为实验和研究的对象以得到最具说服力的实验结果。但面对一些复杂且尺寸很大的实物对象时，如果采用实物进行实验，不仅会使成本增加，还可能会无法复原实物的原始模样。因此根据相似定理中的相似正定理，将原始模型转换为与之相似的模型来进行实验。根据相似定理，电机械制动器试验台与矿井提升机之间有如下准则：①制动减速度相等；②摩擦半径处线速度相等；③制动比压相等。

假设矿井提升机中电机为 $n_1$、制动比压为 $P_1$、摩擦半径速度为 $v_1$、摩擦半径为 $r_1$、摩擦因数为 $C_1$、闸瓦面积为 $S_1$；对应的，制动器的分别为 $n_2$、$P_2$、$v_2$、$r_2$、$C_2$、$S_2$。

1）速度相似系数 $Q_v$

摩擦半径速度与制动器摩擦盘速度关系为：

$$v_1 = \frac{2\pi r_1 n_1}{60} \tag{2-9}$$

$$v_2 = \frac{2\pi r_2 n_2}{60} \tag{2-10}$$

整理式（2-9）与式（2-10）得：

$$\frac{v_2}{v_1} = \frac{r_2 n_2}{r_1 n_1} \tag{2-11}$$

根据相似系数以及制动器与提升机线速度相等，得：

$$Q_v = Q_r \cdot Q_n = 1 \tag{2-12}$$

2）制动比压相似系数 $Q_P$

闸瓦所需受的制动比压为：

$$P_1 = \frac{F_1}{S_1} \tag{2-13}$$

$$P_2 = \frac{F_2}{S_2} \tag{2-14}$$

式中：$F_1$ 为电机械制动器制动力；$F_2$ 为矿井提升机液压制动力。

整理式（2-13）和式（2-14）得：

$$\frac{P_2}{P_1} = \frac{F_2 \cdot S_1}{S_2 \cdot F_1} \tag{2-15}$$

在提升机与制动器中，闸瓦所受到的制动比压相等，可得：

$$Q_P = \frac{Q_F}{Q_S} = 1 \tag{2-16}$$

式中：$Q_F$ 为制动力之比。

3）转动惯量相似系数 $Q_j$

根据缩比相似原理可得：

$$Q_j = Q_r^2 \cdot T_C \cdot T_S \tag{2-17}$$

考虑电机械制动器的设计与开发尚处于实验研究阶段，本书参照淮河能源集团煤业公司顾桥矿中的 JKMD-5×4 多绳摩擦式矿井提升机参数，如表2-3所示，其满载情况下的转动惯量为 1 272 375 kg·m²，利用缩比实验理论中的基本原理，设计开发出电机械制动器实验样机。

表 2-3 JKMD-5×4 多绳摩擦式矿井提升机参数

| 参数名称 | 参数数值 |
| --- | --- |
| 单个闸瓦摩擦表面积/m² | 0.041 6 |
| 摩擦因数 | 24 |
| 最大制动正压力/kN | 160~200 |
| 最大制动比压/MPa | 1.6~2.0 |
| 最大提升速度/(m·s⁻¹) | 20 |
| 摩擦盘直径/m | 5 |
| 转动惯量/(kg·m²) | 1 272 375 |

4）电机械制动器制动盘转速确定

查阅文献可知，制动盘的摩擦直径一般为 300~400 mm，这里制动盘外径定为 225 mm，摩擦半径为 200 mm，厚度为 30 mm。由表2-3可知提升机的摩擦半径为 2 500 mm，提升机主轴转速为 76 r/min，则摩擦半径相似系数与转速系数关系为：

$$Q_r = \frac{1}{Q_n} = \frac{2\ 500}{200} = 12.5 \tag{2-18}$$

根据式（2-12）可得：

$$n_2 = n_1 \cdot Q_n = 960 \text{ r/min} \tag{2-19}$$

根据缩比原理，缩比情况下的转动惯量为 108 kg·m²。

5）制动器制动正压力确定

电机械制动器摩擦闸瓦半径为 65 mm，厚度为 10 mm。根据公式（2-16）并结合表2-3中的数据计算可知：

$$F_2 = F_1 \cdot Q_F = P_1 \cdot S_1 \cdot Q_S = 2 \times 10^6 \times 0.0416 \times 0.319 = 26.54 \text{ kN} \tag{2-20}$$

## 2.4.2 碟形弹簧设计与选型

盘式制动器实现被动制动的主要原因在于盘式制动器的工作原理：闭闸时因腔体内部无液压力压缩碟形弹簧，此时碟形弹簧力直接作用在制动盘上；开闸时，由进油口进油产生液压力促使碟形弹簧压缩，实现开闸。因此电机械制动器实现被动制动的关键在于选择合适的碟形弹簧。

由上述可知，依据缩比相似原理，电机械制动器应产生的制动正压力为 26.54 kN，为留有一定余量，以制动正压力 30 kN 为设计目标，根据《煤矿安全规程》规定进行碟形弹簧的选型。

碟形弹簧的特点：

(1)能承受大载荷而变形小，具有较强的缓冲吸振能力和较大的刚度，可在轴向空间小的场合使用。

(2)具有非线性特性。

(3)为实现碟形弹簧特性大范围内的变化，可采取多种组合方式。

依据其结构形式有两种分类，即有支撑面和无支撑面碟形弹簧，如图 2-9 所示。

碟簧是碟形弹簧的简称，属于弹簧的一种，由冲压成碟形的钢板加工制成，负载方向尺寸较小，呈扁平形。碟簧有效承载范围大，压力分布均匀，具有较强的缓冲和减压能力，其薄片的形状适用于轴向空间狭小而横向空间充足的场合。矿井提升机制动器广泛使用碟簧作为储能器，碟簧的预压是制动力的主要来源。通过对碟簧采

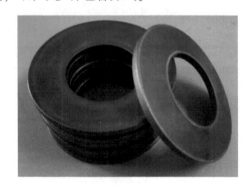

图 2-9 碟形弹簧实物图

用不同的组合方式，能够改变碟簧组件的负荷、非线性曲线、刚度特性曲线。与普通螺旋弹簧相比，相同变形量下碟簧所承受的载荷更大，可以减少制动器的体积和质量。

普通碟簧的截面为矩形，单个碟簧的截面形状如图 2-10 所示，根据 GB/T 1972—2005，当碟簧厚度小于等于 6 mm 时，为无支撑面碟簧；当碟簧厚度大于 6 mm 时（最大一般不超过 16 mm），因其需承受更大负载，所以需要在内、外侧加工支撑面。

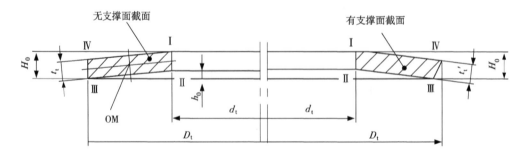

$D_t$—外径，mm；$d_t$—内径，mm；$t_t$—厚度，mm；$H_0$—自由高度，mm；$h_0$—压平时变形量，mm。

图 2-10 碟簧截面

碟簧通过组合的方式克服单片碟簧压缩量和负载不能满足使用要求的缺点，组合碟簧可根据组合方式的不同获得不一样的特性。常见的组合方式包括以下几种。

(1)叠合。由相同规格的碟簧在同一方向叠加组成，通过负载值确定叠加片数 $n$，在不

考虑碟簧间摩擦时：

$$P_z = nP_t \tag{2-21}$$

$$f_z = f_t \tag{2-22}$$

$$H_z = H_0 + (n-1)t_t \tag{2-23}$$

式中：$P_z$ 为组合总负载，N；$P_t$ 为单片碟簧负载，N；$f_t$ 为单片碟簧变形量，mm；$f_z$ 为组合总变形量，mm；$H_z$ 为组合总自由高度，mm。

（2）对合。由相同规格的碟簧在交替相对方向对加组成，通过需求的总变形量确定对合片数 $i$，在不考虑碟簧间摩擦时：

$$P_z = P_t \tag{2-24}$$

$$f_z = if_t \tag{2-25}$$

$$H_z = iH_0 \tag{2-26}$$

（3）复合组合。由叠合和对合共同组成，通过负载和总变形量共同决定 $n$ 和 $i$ 的值，在不考虑碟簧间摩擦时：

$$P_z = nP_t \tag{2-27}$$

$$f_z = if_t \tag{2-28}$$

$$H_z = H_0 + (n-1)t_t \tag{2-29}$$

根据加工工艺不同，可将碟簧分为 1、2、3 三个类别，根据 $D_t/t_t$ 和 $h_0/t_t$ 的比值可分为 A、B、C 三个系列，具体分类与尺寸系列如表 2-4 所示。

表 2-4　碟簧分类与尺寸系列

| | 类别 | 形式 | 厚度 $t_t$/mm | 工艺方法 |
|---|---|---|---|---|
| 工艺不同 | 1 | 无支撑面 | <1.25 | 冷模冲压成型 |
| | 2 | | 1.25~6.0 | 切削内外圆或平面，冷成型或热成型<br>精冲，冷成型或热成型 |
| | 3 | 有支撑面 | >6.0~16.0 | 冷成型或热成型，加工所有表面 |

| | 系列 | 比值 | | 备注 |
|---|---|---|---|---|
| | | $D_t/t_t$ | $h_0/t_t$ | |
| 尺寸系列 | A | ≈18 | ≈0.40 | 材料弹性模量 $E_t = 206\,000$ MPa<br>泊松比 $\mu_t = 0.3$ |
| | B | ≈28 | ≈0.75 | |
| | C | ≈40 | ≈1.3 | |

对碟簧的分析在以下条件下开展：

（1）忽略碟簧在承受负荷时的径向应力和矩形横截面的变形。

（2）认为碟簧材料各向同性，载荷、反作用力分布均匀。

（3）忽略碟簧间的摩擦力。

载荷与变形的数学关系式为：

$$P_t = \frac{4E_t}{1-\mu_t^2} \cdot \frac{t_t^4}{K_1 D_t^2} \cdot K_4^2 \cdot \frac{f_t}{t_t}\left[K_4^2\left(\frac{h_0}{t_t}-\frac{f_t}{t_t}\right)\left(\frac{h_0}{t_t}-\frac{f_t}{2t_t}\right)+1\right] \qquad (2\text{-}30)$$

对式(2-30)进行求导计算得碟簧刚度：

$$P_t' = \frac{dP_t}{df_t} = \frac{4E_t}{1-\mu_t^2} \cdot \frac{t_t^3}{K_1 D_t^2} \cdot K_4^2\left\{K_4^2\left[\left(\frac{h_0}{t_t}\right)^2-3\frac{h_0}{t_t}\cdot\frac{f_t}{t_t}+\frac{3}{2}\left(\frac{f_t}{t_t}\right)^2\right]+1\right\} \qquad (2\text{-}31)$$

当 $f_t = h_0$，即碟簧处于压平状态时，式(2-30)可简化为：

$$P_c = \frac{4E_t}{1-\mu_t^2} \cdot \frac{t_t^3 h_0}{K_1 D_t^2} \cdot K_4^2 \qquad (2\text{-}32)$$

其中计算系数：

$$K_1 = \frac{1}{\pi} \cdot \frac{\left(\dfrac{C_t-1}{C_t}\right)^2}{\dfrac{C_t+1}{C_t-1}-\dfrac{2}{\ln C_t}} \qquad (2\text{-}33)$$

式中：$C_t$ 为碟簧外径和内径的比值。

$$C_t = \frac{D_t}{d_t} \qquad (2\text{-}34)$$

通过学者的理论计算和试验测定，单片碟簧的负载特性曲线呈非线性，如图 2-11 所示，在碟簧材料和尺寸保持不变时，其负载特性曲线与 $h_0/t$ 的值相关。从图 2-11 中可以看出，在 $h_0/t$ 小于 0.6 时碟簧特性曲线接近直线，刚度基本保持不变；当 $h_0/t$ 在 0.6~1.4 范围内时，刚度随压缩量的增加而减小；特殊的，当 $h_0/t = \sqrt{2}$，且变形量 $f_t = h_0$ 时，此时碟簧刚度为零，故在工程上统一称 $h_0/t$ 在 $\sqrt{2}$ 附近的碟簧为零刚度碟簧；当 $h_0/t$ 在 1.6~2.0 范围内时，碟簧会出现刚度为负值的区域，此区域内负载减小而变形量持续增加，碟簧的工作状态不稳定。在负刚度区域内负载会减小至最小值，而后随着变形的增大负载也变大，刚度恢复，成正值，碟簧将突然翻转，内圈从一侧翻至另一侧。

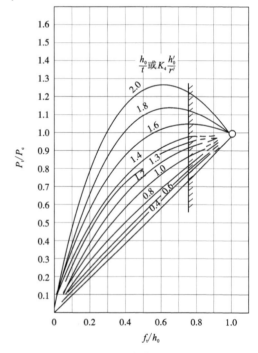

图 2-11 单片碟簧特性曲线

碟簧的应力计算常通过 $OM$、$\mathrm{I}$、$\mathrm{II}$、$\mathrm{III}$、$\mathrm{IV}$ 五点的应力表征代表碟簧整体应力分析，其计算方式为：

$$\sigma_{OM} = \frac{4E_t}{1-\mu_t^2} \cdot \frac{t_t^2}{K_1 D_t^2} K_4 \frac{f_t}{t_t} \cdot \frac{3}{\pi} \qquad (2\text{-}35)$$

$$\sigma_{\mathrm{I}} = -\frac{4E_{\mathrm{t}}}{1-\mu_{\mathrm{t}}^2} \cdot \frac{t_{\mathrm{t}}^2}{K_1 D_{\mathrm{t}}^2} K_4 \frac{f_{\mathrm{t}}}{t_{\mathrm{t}}} \left[ K_4 K_2 \left( \frac{h_0}{t_{\mathrm{t}}} - \frac{f_{\mathrm{t}}}{2t_{\mathrm{t}}} \right) + K_3 \right] \tag{2-36}$$

$$\sigma_{\mathrm{II}} = -\frac{4E_{\mathrm{t}}}{1-\mu_{\mathrm{t}}^2} \cdot \frac{t_{\mathrm{t}}^2}{K_1 D_{\mathrm{t}}^2} K_4 \frac{f_{\mathrm{t}}}{t_{\mathrm{t}}} \left[ K_4 K_2 \left( \frac{h_0}{t_{\mathrm{t}}} - \frac{f_{\mathrm{t}}}{2t_{\mathrm{t}}} \right) - K_3 \right] \tag{2-37}$$

$$\sigma_{\mathrm{III}} = -\frac{4E_{\mathrm{t}}}{1-\mu_{\mathrm{t}}^2} \cdot \frac{t_{\mathrm{t}}^2}{K_1 D_{\mathrm{t}}^2} K_4 \frac{1}{C_{\mathrm{t}}} \cdot \frac{f_{\mathrm{t}}}{t_{\mathrm{t}}} \left[ K_4 (K_2 - 2K_3) \left( \frac{h_0}{t_{\mathrm{t}}} - \frac{f_{\mathrm{t}}}{2t_{\mathrm{t}}} \right) - K_3 \right] \tag{2-38}$$

$$\sigma_{\mathrm{IV}} = -\frac{4E_{\mathrm{t}}}{1-\mu_{\mathrm{t}}^2} \cdot \frac{t_{\mathrm{t}}^2}{K_1 D_{\mathrm{t}}^2} K_4 \frac{1}{C_{\mathrm{t}}} \cdot \frac{f_{\mathrm{t}}}{t_{\mathrm{t}}} \left[ K_4 (K_2 - 2K_3) \left( \frac{h_0}{t_{\mathrm{t}}} - \frac{f_{\mathrm{t}}}{2t_{\mathrm{t}}} \right) + K_3 \right] \tag{2-39}$$

应力计算值为正值时是拉应力，计算值为负值时是压应力。

其中计算系数：

$$K_2 = \frac{6}{\pi} \cdot \frac{\dfrac{C_{\mathrm{t}}-1}{\ln C_{\mathrm{t}}} - 1}{\ln C_{\mathrm{t}}} \tag{2-40}$$

$$K_3 = \frac{3}{\pi} \cdot \frac{C_{\mathrm{t}}-1}{\ln C_{\mathrm{t}}} \tag{2-41}$$

$$K_4 = \sqrt{-\frac{C_1}{2} + \sqrt{\left(\frac{C_1}{2}\right)^2 + C_2}} \tag{2-42}$$

$$C_1 = \frac{\left(\dfrac{t_{\mathrm{t}}'}{t_{\mathrm{t}}}\right)^2}{\left(\dfrac{1}{4} \cdot \dfrac{h_0}{t_{\mathrm{t}}} - \dfrac{t_{\mathrm{t}}'}{t_{\mathrm{t}}} + \dfrac{3}{4}\right)\left(\dfrac{5}{8} \cdot \dfrac{H_0}{t_{\mathrm{t}}} - \dfrac{t_{\mathrm{t}}'}{t_{\mathrm{t}}} + \dfrac{3}{8}\right)} \tag{2-43}$$

$$C_2 = \frac{C_1}{\left(\dfrac{t_{\mathrm{t}}'}{t_{\mathrm{t}}}\right)^3} \left[ \frac{5}{32}\left(\frac{H_0}{t_{\mathrm{t}}} - 1\right)^2 + 1 \right] \tag{2-44}$$

在实际工程应用中，为了更方便地获取计算系数，$K_1$、$K_2$、$K_3$ 值可以依据 $C_{\mathrm{t}}$ 的具体数值从表 2-5 中查取获得。无支撑面的碟簧 $K_4 = 1$，有支撑面的碟簧 $K_4$ 依式（2-42）计算。支撑面使得碟簧刚度变大，将碟簧厚度减薄至 $t_{\mathrm{t}}'$ 使同尺寸有无支撑面的碟簧刚度相同，$t_{\mathrm{t}}'/t_{\mathrm{t}}$ 的值如表 2-6 所示。

**表 2-5　系数 $K_1$、$K_2$、$K_3$ 检索**

| $C_{\mathrm{t}}$ | 1.90 | 1.92 | 1.94 | 1.96 | 1.98 | 2.00 | 2.02 | 2.04 |
|---|---|---|---|---|---|---|---|---|
| $K_1$ | 0.672 | 0.677 | 0.682 | 0.686 | 0.690 | 0.694 | 0.698 | 0.702 |
| $K_2$ | 1.197 | 1.201 | 1.206 | 1.211 | 1.215 | 1.220 | 1.224 | 1.229 |
| $K_3$ | 1.339 | 1.347 | 1.355 | 1.362 | 1.37 | 1.378 | 1.385 | 1.393 |

**表 2-6　弹簧厚度等效比值**

| 系列 | A | B | C |
|---|---|---|---|
| $t_{\mathrm{t}}'/t_{\mathrm{t}}$ | 0.94 | 0.94 | 0.96 |

电机械制动器使用碟簧提供闸瓦夹紧制动盘的制动力，需要选择合适的碟簧参与工作，碟簧的选型步骤如图 2-12 所示。根据设计要求，在选型时将闭闸状态下的碟簧负载认定为 30 kN，由上式计算得变形量为 7.45 mm。敞闸时闸瓦离开制动盘表面，碟簧被进一步压缩，选定闸瓦制动间隙为 1 mm，敞闸状态下碟簧在原有基础上再压缩 1 mm。根据已有的条件及计算，初步选定 $h_0/t_t$ 在 0.40 左右的 A 系列碟簧，确定组合方式为 6 片相同的碟簧对合，具体尺寸参数如表 2-7 所示。计算平时的压应力 $\sigma_{OM}$ 为 -746.48 MPa，碟簧材料 60Si2MnA 的屈服极限为 1400~1600 MPa，表明碟簧能够满足制动所需强度。

图 2-12 碟簧选型步骤

表 2-7 确定碟簧参数

| 尺寸参数 | | 计算参数 | |
| --- | --- | --- | --- |
| 参数名称 | 参数数值 | 参数名称 | 参数数值 |
| $D_t$/mm | 112 | $K_1$ | 0.687 |
| $d_t$/mm | 57 | $K_2$ | 1.212 |
| $t_t$/mm | 6 | $K_3$ | 1.364 |
| $h_0$/mm | 2.5 | $f_t$/mm | 1.24 |
| $H_0$/mm | 8.5 | $\sigma_{OM}$/MPa | -746.48 |

碟簧长期处于敞闸与闭闸的往复循环中，并始终保持受压状态，极易产生疲劳现象，造成碟簧刚度下降，制动力不足，产生安全隐患。碟簧工作在敞闸与闭闸的变载荷工况下，当其获 $2 \times 10^6$ 次以上加载仍可工作时，认为其具有无限寿命；当其获 $1 \times 10^4 \sim 2 \times 10^6$ 次加载而发生破坏时，认为其具有有限寿命。

处于变载荷工况下的碟簧，一般在最大拉应力处易发生疲劳破坏，即图 2-13 所示的 II 或 III 位置。通过 $C_t = D_t/d_t$ 和 $h_0/t_t$（无支撑面碟簧）或 $K_4$（有支撑面碟簧）的交点，在图 2-13 疲劳破坏关键位置的曲线上对应查找，可以在 II 和 III 位置中进一步确定。若交点在曲线上方，则应力最大值位于 III 点；若交点在曲线下方，则应力最大值位于 II 点；若交点位于两曲线之间的过渡区，则 II 和 III 点均有可能是最大值所在的点。

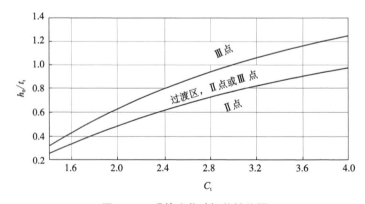

图 2-13 碟簧疲劳破坏关键位置

通过图 2-13 确定应力最大值位于 Ⅱ 点位置，碟簧在闭闸状态下的压缩量 $f_1$ 为 1.24 mm，敞闸状态下的压缩量 $f_2$ 为 1.41 mm，计算应力：

$$\sigma_{\text{Ⅱ}}(f_1) = -\frac{4E_t}{1-\mu_t^2} \cdot \frac{t_t^2}{K_1 D_t^2} K_4 \frac{f_1}{t_t} \left[ K_4 K_2 \left( \frac{h_0}{t_t} - \frac{f_1}{2t_t} \right) - K_3 \right]$$

$$= -\frac{4 \times 2.06 \times 10^5}{1-0.3^2} \times \frac{6^2}{0.687 \times 112^2} \times \frac{1.24}{6} \left[ 1.212 \times \left( \frac{2.5}{6} - \frac{1.24}{2 \times 6} \right) - 1.364 \right]$$

$$= 772.86 \text{ MPa} = \sigma_{\min} \tag{2-45}$$

同理计算得：

$$\sigma_{\text{Ⅱ}}(f_2) = 887.94 \text{ MPa} = \sigma_{\max} \tag{2-46}$$

应力幅值：

$$\sigma_a = \sigma_{\max} - \sigma_{\min} = 115.14 \text{ MPa} \tag{2-47}$$

校核持续寿命范围，根据 $\sigma_{\min} = 772.86$ MPa，从图 2-14 中查得 $N \geqslant 2 \times 10^6$ 时的 $\sigma_{\max} = 1050$ MPa，疲劳应力幅值：

$$\sigma_{ra} = 1050 - 772.86 = 277.14 \text{ MPa} > \sigma_a \tag{2-48}$$

故所选碟簧能够持续工作。

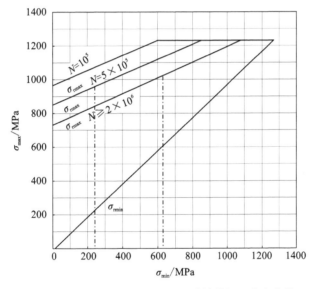

图 2-14　1.25 mm $< t_t \leqslant$ 6 mm 时碟簧的极限应力曲线

## 2.4.3　滚珠丝杠设计选型

如图 2-15 所示，螺母与丝杠之间内置有滚珠，螺母随着主动体丝杠转动的角度会按照对应的导程转化成直线运动，闸瓦通过与螺母连接，以实现闸瓦的直线运动。

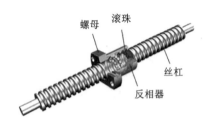

螺母　滚珠
丝杠
反相器

(a)模型图　　　　　　　　　　(b)加工实物图

**图 2-15　滚珠丝杠结构图**

### 2.4.3.1　滚珠丝杠的工作条件

滚珠丝杠副在敞闸时压缩碟簧，其最大载荷为制动器完全敞闸时的碟簧弹力，最小载荷为制动器完全闭闸时。完全敞闸时单片碟簧压缩量为 1.41 mm，通过上述公式可计算得到碟簧弹力为 33 kN，制动器完全闭闸时碟簧不受滚珠丝杠副的推力，故滚珠丝杠副的极限负载为：

$$\begin{cases} F_{max} = 33 \text{ kN} \\ F_{min} = 0 \end{cases} \tag{2-49}$$

选定设计制动间隙为 1 mm，空动时间为 0.2 s，故螺母在空动阶段的平均移动速度为 $v_{m\_avg} = 5$ mm/s。受碟簧内径限制，丝杠公称直径不宜大于 57 mm。

### 2.4.3.2　滚珠丝杠副的分类及选择

滚道截面形状和滚珠循环方式对滚珠丝杠结构的设计、加工、精度、寿命、成本等有重要影响，还与滚动体的流畅有直接关系，故有必要通过分析不同方式的特点，选择适用于电机械盘式制动器的滚珠丝杠副。

常用的滚道截面形状包括单圆弧形和双圆弧形，其特点如下：

(1)单圆弧形：制造方便，加工精度较高，但接触角受初始间隙和轴向载荷影响较大。

(2)双圆弧形：接触角能够稳定在一定范围内，且滚动体与滚道底部不接触，易藏油污，利于减少磨损，提高滚珠流畅度，但其加工难度大，精度低。

滚珠循环方式及特点如下：

(1)内循环：正反旋转过渡流畅，结构紧凑，整体刚性和可靠性高。

(2)外循环：轴向结构紧凑、尺寸小，滚珠流畅性好，但滚珠循环链较长，螺母配合外径较大，刚性较差。

通过分析不同结构的特点，结合滚珠丝杠的工作条件，决定选择单圆弧形搭配内循环的滚珠丝杠副作为电机械盘式制动器的运动转换机构。

### 2.4.3.3　参数设计

1)当量载荷 $F_m$

盘式制动器在敞闸与闭闸间交替执行，与此同时，滚珠丝杠负载基本在 $F_{max}$ 和 $F_{min}$ 间循环往复，其当量载荷为：

$$F_\mathrm{m} = \frac{1}{3}(2F_\mathrm{max} + F_\mathrm{min}) = \frac{1}{3}(2\times 33 + 0) = 22\ \mathrm{kN} \tag{2-50}$$

2）当量转速 $n_\mathrm{m}$

丝杠的转速与螺母移动呈比例关系，最大转速位于空动阶段，滚珠螺母在空动阶段的平均移动速度为 $v_\mathrm{m\_avg} = 5\ \mathrm{mm/s}$。初选丝杠导程 $P_\mathrm{h} = 10\ \mathrm{mm}$，则丝杠在空动阶段的平均转速为：

$$n_\mathrm{m\_max} = \frac{v_\mathrm{m\_max}}{P_\mathrm{h}} = 30\ \mathrm{r/min} \tag{2-51}$$

考虑到制动器大部分时间都处于堵转和制动状态，消除制动间隙占工作比重较低，因此丝杠长期处于静止状态，故以丝杠在空动阶段平均转速的 1/3 作为滚珠丝杠副的当量转速：

$$n_\mathrm{m} = \frac{1}{3}n_\mathrm{m\_max} = 10\ \mathrm{r/min} \tag{2-52}$$

3）额定动载荷 $C_\mathrm{am}$

滚珠丝杠副无预加载荷，按工作时间计算其额定动载荷为：

$$C_\mathrm{am} = \frac{f_\mathrm{w}F_\mathrm{m}(60n_\mathrm{m}L_\mathrm{h})^{1/3}}{100f_\mathrm{a}f_\mathrm{c}} = \frac{1.1\times 22\times(60\times 10\times 1000)^{1/3}}{100\times 1\times 0.53} = 38\ \mathrm{kN} \tag{2-53}$$

式中：$f_\mathrm{w}$ 为载荷性质系数；$L_\mathrm{h}$ 为预期工作寿命；$f_\mathrm{a}$ 为精度系数；$f_\mathrm{c}$ 为可靠性系数。以上参数均通过查找手册获取。

4）丝杠驱动转矩 $T_\mathrm{m}$

滚珠螺母的最大载荷为 33 kN，丝杠的最大驱动力矩为：

$$T_\mathrm{m} = \frac{F_\mathrm{max}\cdot P_\mathrm{h}}{2\pi\cdot\eta_\mathrm{m}} = \frac{33\times 10}{2\times\pi\times 0.95} = 55\ \mathrm{N\cdot m} \tag{2-54}$$

综上所述，初选滚珠丝杠型号为 4010-4，其额定动载荷为 39.5 kN，额定静载荷为 95 kN，丝杠底径 $d_2 = 33.5\ \mathrm{mm}$，有效行程内的行程公差 $e_\mathrm{p} = 12\ \mathrm{\mu m}$。

5）强度校核

在电机械制动系统工作时，滚珠丝杠副承受剪应力和压应力双重作用，危险截面的强度：

$$\sigma_\mathrm{ca} = \sqrt{\left(\frac{4F_\mathrm{max}}{\pi d_3^2}\right)^2 + 3\left(\frac{T_\mathrm{m}}{0.2d_3^3}\right)^2} = 39\ \mathrm{MPa} \tag{2-55}$$

6）失稳校核

考虑到滚珠丝杠采用单端固定的支撑方式，在承受负载时有一定的失稳风险，因此需要计算校核滚珠丝杠的失稳安全系数。滚珠丝杠在能够保持稳定时的最大载荷 $F_\mathrm{cr}$ 为：

$$F_\mathrm{cr} = \frac{\pi^2 E_\mathrm{cr} I_\mathrm{cr}}{(\xi_\mathrm{cr}L_\mathrm{c1})^2} \tag{2-56}$$

其中：

$$I_\mathrm{cr} = \frac{\pi d_2^4}{64} = \frac{3.14\times 0.0335^4}{64} = 6.18\times 10^{-8}\ \mathrm{m}^4 \tag{2-57}$$

式中：$E_{cr}$ 为丝杠的弹性模量，取 209 GPa；$I_{cr}$ 为丝杠危险截面惯性矩；$L_{c1}$ 为丝杠工作长度，取 0.1 m；$\xi_{cr}$ 为长度系数，取 2/3。

结合以上取值，计算 $F_{cr}$：

$$F_{cr} = \frac{\pi^2 E_{cr} I_{cr}}{(\xi_{cr} L_{c1})^2} = \frac{3.14^2 \times 209 \times 10^9 \times 6.18 \times 10^{-8}}{\left(\frac{2}{3} \times 0.1\right)^2} = 2.87 \times 10^7 \text{ N} \tag{2-58}$$

计算失稳安全系数：

$$S_{cr} = \frac{F_{cr}}{F_{max}} = \frac{2.87 \times 10^7}{33000} = 869 \tag{2-59}$$

查手册可得 $[S] = 2.5 \sim 3.3$，$S_{cr} < [S]$，故丝杠安全，不会失稳。

7）刚度校核

敞闸状态下的滚珠丝杠承受扭转应力和轴向拉应力共同作用，为保证制动间隙的精确控制，考虑滚珠丝杠副受力变形对制动间隙的影响，需对滚珠丝杠进行刚度校核。扭转和轴向拉应力作用下每个导程的变形量为：

$$\Delta L_0 = \pm \frac{P_h F_{max}}{E_{cr} A_{cr}} \pm \frac{P_h^2 T_m}{2\pi G_{cr} J_{cr}} \tag{2-60}$$

其中：

$$A_{cr} = \frac{1}{4} \pi d_2^2 = 8.81 \times 10^{-4} \text{ m}^2 \tag{2-61}$$

$$J_{cr} = \frac{1}{32} \pi d_2^4 = 1.24 \times 10^{-7} \text{ m}^4 \tag{2-62}$$

式中：$A_{cr}$ 为丝杠截面积；$G_{cr}$ 为丝杠切边模量，取 $G_{cr} = 83.3$ GPa；$J_{cr}$ 为丝杠极惯性矩。

选取极限工作状态，取极最大转矩和最大负载计算变形量：

$$\Delta L_0 = \frac{P_h F_{max}}{E_{cr} A_{cr}} + \frac{P_h^2 T_m}{2\pi G_{cr} J_{cr}} = \frac{0.01 \times 33739}{209 \times 10^9 \times 8.81 \times 10^{-4}} + \frac{0.01^2 \times 55}{2\pi \times 83.3 \times 10^9 \times 1.24 \times 10^{-7}}$$
$$= 1.92 \times 10^{-6} \text{ m} \tag{2-63}$$

在敞闸与闭闸间的螺母移动行程非常短，考虑到安装调试整体精度，选取螺母有效行程 $L_{c2}$ 为 50 mm，故在有效行程内因弹性变形而造成的移动误差为：

$$\Delta L_{cr} = L_{c2} \frac{\Delta L_0}{P_h} = 0.05 \times \frac{1.92 \times 10^{-6}}{0.0335} = 2.9 \ \mu\text{m} \tag{2-64}$$

误差允许值为传动精度的一半：

$$[\Delta L_{cr}] = \frac{1}{2} e_p = \frac{1}{2} \times 12 = 6 \ \mu\text{m} \tag{2-65}$$

$\Delta L_{cr} < [\Delta L_{cr}]$，故滚珠丝杠副的刚度满足使用要求。

8）滚珠丝杠参数的确定

综上可知，电机械制动器的目标制动正压力为 30 kN，在开闸情况下制动正压力为 34.81 kN，分析矿井提升机制动特点可知，多数情况下是通过自动调节制动力矩实现恒减速制动，并且滚珠丝杠作为传动机构的关键部件之一，因此这里取滚珠丝杠的平均载荷为 35 kN。

$$F_m = 35 \text{ kN} \tag{2-66}$$

结合制动盘间隙为 1 mm，消除制动间隙时间为 0.2 s，可得到消除制动间隙的丝杠轴向移动的平均速度为 $v_{\text{m-max}} = 5$ mm/s，选择丝杠导程为 $P = 5$ mm，可得出此阶段丝杠平均转速 $n_{\text{m-max}}$ 为：

$$n_{\text{m-max}} = v_{\text{m-max}} = 60 \text{ r/min} \tag{2-67}$$

由于整个制动过程制度间隙消除时间远小于堵转消除时间，故丝杠实际平均转速远低于此值。动载荷的计算取最大转速的 1/3 作为丝杠的平均转速，即 $n_{\text{m}} = 20$ r/min。

在制动器制动过程中，螺母直线运动使得闸瓦压紧制动盘，但在制动过程中难免会产生冲击，所以应按照额定动载荷工况下滚珠丝杠副的选用原则选用滚珠丝杠。

$$C_{\text{a}} \geq \frac{K_{\text{h}}}{K_n} K_{\text{F}} K_{\text{H}} F_{\text{m}} \tag{2-68}$$

式中：$K_{\text{h}} = \left(\dfrac{L_{\text{h}}}{500}\right)^{\frac{1}{3}}$，$K_n = \left(\dfrac{33.3}{n_{\text{m}}}\right)^{\frac{1}{3}}$；$K_{\text{h}}$ 为寿命系数；$K_n$ 为转速系数；$K_{\text{F}}$ 为载荷系数；$K_{\text{H}}$ 为硬度影响因素。

查阅《机械设计手册》，取 $K_{\text{F}}$ 为 1.3，$K_{\text{H}}$ 为 1，代入式(2-68)可得：

$$C_{\text{a}} \geq \frac{K_{\text{h}}}{K_n} K_{\text{F}} K_{\text{H}} F_{\text{m}} = 48.16 \text{ kN} \tag{2-69}$$

根据丝杠导程为 5 mm，及额定动载荷为 48.16 kN，查找手册，最终选择丝杠型号为 SFU5005-4 的滚珠丝杠为制动器的运动转换装置。

## 2.4.4　电机设计与选型

根据矿井提升机需求，电机的选择应该考虑以下几点：

(1)考虑电机的转速：要考虑闸瓦的空载最高行走速度和工作时低速的精确对准问题。

(2)考虑电机堵转力矩以及堵转时间：闸瓦工作时需要堵转。

(3)考虑电机的供电和控制问题。

(4)考虑电机的安装和维护问题。

电机的转矩需要考虑电机处于最大负载时，这里选择制动器输出最大制动力为 35 kN。电机经过减速增扭装置将力矩传递至丝杠上，设定减速装置的减速比为 $i = 6$，系统总效率 $\eta = 0.95$（堵转过程），由上述可知，丝杠的导程 $p$ 为 5 mm，则：

$$F = \frac{T \times i \times 2\pi \times \eta}{p \times 10^{-3}} \geq 35000 \text{ N} \tag{2-70}$$

式中：$T$ 为电机输出力矩，N·m；$i$ 为减速增扭装置减速比，则：

$$T \geq 4.88 \text{ N·m} \tag{2-71}$$

制动器运动过程分为空行程和负载两个阶段，由煤矿规定可知，制动间隙消除时间为 0.2 s，即空行程阶段的运行时间，则电机所需转速为：

$$L = \frac{np}{60i} \geq 5 \text{ mm/s} \tag{2-72}$$

式中：$n$ 为电机转速，r/min。则：

$$n \geq 360 \text{ r/min} \tag{2-73}$$

在负载过程中电机的转矩为 4.19 N·m，电机的转速为 360 r/min，则电机的功率为：

$$p = \frac{Tn}{9550} = \frac{4.88 \times 360}{9550} = 0.184 \text{ kW} \tag{2-74}$$

可得功率为 184 W。

考虑到经济效益及制动器所需要电机满足的参数。最终选择电机型号为 130LYX05，其主要参数如表 2-8 所示。

表 2-8  130LYX05 性能参数

| 峰值堵转 | | | 连续堵转 | | | 最大空载转速 /(r·min$^{-1}$) | 电枢电感 |
|---|---|---|---|---|---|---|---|
| 电压 /V | 电流 /A | 转矩 /(N·m$^{-1}$) | 电压 /V | 电流 /A | 转矩 /(N·m$^{-1}$) | 405 | 2.05 |
| 27 | 15 | 11 | 11.25 | 6.25 | 4.85 | | |

## 2.4.5  减速器设计与选型

### 2.4.5.1  行星轮数目与传动比范围

行星轮分担减速器功率，其数目越多，单个齿轮的功率越低。受结构干涉限制，传动比范围与行星轮数目成反比，行星轮数目与传动比范围如表 2-9 所示。

表 2-9  行星轮数目与传动比范围

| 行星轮数目 $C_s$ | 传动比范围 | |
|---|---|---|
| | NGW 型行星减速器 | NW 型行星减速器 |
| 3 | 2.1~13.7 | 1.55~21 |
| 4 | 2.1~6.5 | 1.55~9.9 |
| 5 | 2.1~4.7 | 1.55~7.1 |
| 6 | 2.1~3.9 | 1.55~5.9 |

滚珠丝杠的最大驱动转矩 $T_m = 55$ N·m，空动时平均转速 $n_{m\_avg} = 30$ r/min，力矩电机连续堵转转矩 $T_{pm} = 11.8$ N·m，最大空载转速 $n_{p\_max} = 300$ r/min。可得减速机构最小传动比 $i_{min}$ 为：

$$i_{min} = \frac{T_m}{T_{pm}} = \frac{55}{11.8} = 4.7 \tag{2-75}$$

在电机械制动空动时，取最大转速的 2/3 为平均转速：

$$n_{p\_avg} = \frac{2}{3} n_{p\_max} = \frac{2}{3} \times 300 = 200 \text{ r/min} \tag{2-76}$$

则最大传动比 $i_{max}$ 为：

$$i_{max} = \frac{n_{p\_avg}}{n_{m\_avg}} = \frac{200}{30} = 6.7 \tag{2-77}$$

综上所述,确定行星齿轮减速器传动比范围为 4.7~6.7,结合表 2-9,确定行星轮数目 $C_s$ 为 3。

### 2.4.5.2 齿数的确定

行星减速器由渐开线圆柱齿轮组成,其齿轮齿数的确定需满足以下条件:

1)传动比条件

实现设计传动比,NGW 型行星减速器传动比:

$$i_{AX}^B = 1 + \frac{z_B}{z_A} \tag{2-78}$$

式中:$z_B$ 为内齿轮 $B$ 的齿数;$z_A$ 为太阳轮 $A$ 的齿数。

2)同心条件

同心条件由行星减速器特殊结构决定,在标准圆柱齿轮组成的 NGW 型行星减速器中,同心条件可描述成:

$$z_A + z_C = z_B - z_C \tag{2-79}$$

式中:$z_C$ 为行星轮 $C$ 的齿数。

3)装配条件

行星轮需要均匀分布在太阳轮周边并一起装配在内齿轮内,与太阳轮和内齿轮保持良好的啮合。设计时常使太阳轮和内齿轮的齿数之和能够整除 $C_s$,即:

$$\frac{z_A + z_B}{C_s} \in \mathbf{N} \tag{2-80}$$

4)邻接条件

相邻两个行星轮在运行中不允许发生干涉,并保留超过模数一半的间隙,针对 NGW 型减速器的齿轮结构,其邻接条件为:

$$(z_A + z_C)\sin\frac{180°}{C_s} > z_C + 2(h_a^* + x_C) \tag{2-81}$$

式中:$h_a^*$ 为齿顶高系数;$x_C$ 为行星轮 $C$ 的变位系数。

为了更好地选择行星齿轮的齿数和中心距,常使用角变位齿轮。在本书中,行星齿轮传动变位方式选择等角变位,且使用直齿轮传动,$z_A < z_C$,故取:

$$x_A = x_C = 0.5 \tag{2-82}$$

$$x_B = 2x_C + x_A = 1.5 \tag{2-83}$$

式中:$x_A$ 为太阳轮 $A$ 的变位系数;$x_B$ 为内齿轮 $B$ 的变位系数。

综上所述,本书选择标准圆柱齿轮组成的 NGW 型行星减速器,在满足以上条件的情况下,选择太阳轮齿数为 13,行星轮齿数为 26,内齿轮齿数为 65,传动比:

$$i_{AX}^B = 1 + \frac{z_B}{z_A} = 1 + \frac{65}{13} = 6 \tag{2-84}$$

### 2.4.5.3 齿轮模数

对于电机械制动这种间歇式运转的齿轮传动,其减速器齿轮模数可根据齿根弯曲强度的初算公式来确定,即:

$$m \geqslant K_{\mathrm{m}} \sqrt[3]{\frac{T_A K_A K_{F\Sigma} K_{Fp} Y_{FA}}{\varphi_{\mathrm{d}} z_A^2 \sigma_{\mathrm{Flim}}}} \qquad (2-85)$$

其中：

$$K_{Fp} = 1 + 1.5(K_{Hp} - 1) \qquad (2-86)$$

式中：$T_A$ 为小齿轮额定转矩，即电机连续堵转转矩，$T_A = 11.8\ \mathrm{N \cdot m}$；$K_{\mathrm{m}}$ 为计算系数，在直齿轮传动中，取 12.6；$K_A$ 为使用系数，查表 2-10 取 1.25；$K_{F\Sigma}$ 为综合系数，查表 2-11 取 1.8；$K_{Hp}$ 为行星轮间载荷分布不均匀系数，取 1.2；$Y_{FA}$ 为齿形系数，取 2；$\varphi_{\mathrm{d}}$ 为齿宽系数，取 0.75；$\sigma_{\mathrm{Flim}}$ 为弯曲疲劳极限，选定行星轮和太阳轮的材料为 40Cr，经调质、渗氮处理后，弯曲疲劳极限为 360 $\mathrm{N/mm^2}$。

表 2-10  使用系数 $K_A$

| 原动机工作特性 | 工作机工作特性 | | | |
|---|---|---|---|---|
| | 均匀平稳 | 轻微冲击 | 中等冲击 | 严重冲击 |
| 均匀平稳 | 1.00 | 1.25 | 1.50 | 1.75 |
| 轻微冲击 | 1.10 | 1.35 | 1.60 | 1.85 |
| 中等冲击 | 1.25 | 1.50 | 1.75 | 2.00 |
| 严重冲击 | 1.50 | 1.75 | 2.00 | $\geqslant 2.25$ |

表 2-11  综合系数 $K_{F\Sigma}$

| 行星轮数目 | $K_{F\Sigma}$ |
|---|---|
| $\leqslant 3$ | 1.6~2.2 |
| $>3$ | 1.8~2.4 |

综上可计算齿轮模数：

$$m \geqslant 12.6 \times \sqrt[3]{\frac{11.8 \times 1.25 \times 1.8 \times 1.3 \times 2}{0.75 \times 13^2 \times 360}} = 1.45 \qquad (2-87)$$

根据 GB/T 1357—2008，取渐开线圆柱齿轮第一系列模数 1.5 作为 NGW 型减速齿轮的模数。

### 2.4.5.4  减速齿轮几何参数

NGW 型减速器传动齿轮的几何参数可按渐开线角变位圆柱齿轮的计算公式进行计算，传动齿轮计算公式及结果如表 2-12 所示。

表 2-12  传动齿轮计算公式及结果齿轮计算参数

| 项目 | 代号 | 计算公式 | A-C 齿轮副 | B-C 齿轮副 |
|---|---|---|---|---|
| 分度圆直径 | d | $d_1 = mz_1$ | $d_A = 19.5$ | $d_B = 97.5$ |
| | | $d_2 = mz_2$ | $d_C = 39.0$ | $d_C = 39.0$ |

续表2-12

| 项目 | 代号 | 计算公式 | A-C 齿轮副 | B-C 齿轮副 |
|---|---|---|---|---|
| 啮合角 | $\alpha'$ | $\mathrm{inv}\,\alpha'=\dfrac{2(x_2\pm x_1)\tan\alpha}{z_2\pm z_1}+\mathrm{inv}\,\alpha$ | $25°55'$ | |
| 中心距变动系数 | $y$ | $y=\dfrac{z_2\pm z_1}{2}\left(\dfrac{\cos\alpha}{\cos\alpha'}-1\right)$ | 0.87 | |
| 中心距 | $a'$ | $a'=m\left(\dfrac{z_2\pm z_1}{2}+y\right)$ | 30.56 | |
| 齿顶高变动系数 | $\Delta y$ | $\Delta y=(x_2\pm x)-y$ | 0.13 | |
| 齿顶圆直径 | $d_{\mathrm a}$ | $d_{\mathrm{a}1}=d_1+2m(h_{\mathrm a}^{*}+x_1\mp\Delta y)$ $d_{\mathrm{a}2}=d_1\pm2m(h_{\mathrm a}^{*}\pm x_2\mp\Delta y)$ | $d_{aA}=23.61$ $d_{aC}=43.11$ | $d_{aB}=98.61$ $d_{aC}=43.11$ |
| 齿根圆直径 | $d_{\mathrm f}$ | $d_{\mathrm{f}1}=d_1-2m(h_{\mathrm a}^{*}+c^{*}-x_1)$ $d_{\mathrm{f}2}=d_1\mp2m(h_{\mathrm a}^{*}+c^{*}\mp x_2)$ | $d_{fA}=17.25$ $d_{fC}=36.75$ | $d_{fB}=105.75$ $d_{fC}=36.75$ |

注：(1)$\alpha$ 为齿形角，取标准值20°；(2)$h_{\mathrm a}^{*}$ 为齿顶高系数，取标准值1；(3)$c^{*}$ 为顶隙系数，取标准值0.25；(4)有 "±" 或 "∓" 号处，上运算用于外啮合，下运算用于内啮合。

## 2.5　电机械制动器与制动器试验台整体结构

### 2.5.1　电机械制动器结构

　　根据以上选型计算结果及制动器工作原理，在充分考虑安装空间情况的条件下，确定了各个零部件尺寸，利用建模软件完成了三维模型的建立，各个零部件如图 2-16 所示，螺母、闸瓦座以及滑块三者通过螺柱连接成一体的结构，闸瓦固定在闸瓦座之上。当丝杠转动时，带动螺母、闸瓦座以及滑块左右移动，使得闸瓦贴向和远离制动盘，实现制动与松闸过程。

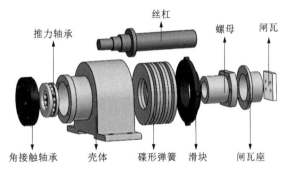

**图 2-16　制动器爆炸视图**

### 2.5.2　制动器试验台结构

　　1)静态制动器试验台

　　结合电机械制动器制动原理，绘制出静态情况下电机械制动器试验台，以检测所设计电机械制动器的制动性能是否符合《煤矿安全规程》规定。如图 2-17 所示，力矩电机转动将扭矩传递至制动器压缩或释放碟形弹簧，以实现制动的开闸与松闸过程，采用轮辐式压力传感器实时监测制动正压力的大小，采用位移传感器实现监测制动间隙的大小，采用编码器来监测力矩电机的转速并以此计算制动器闸瓦平动的速度。

2）动态制动器试验台

依据测试结果判断所设计电机械制动器是否符合要求，若符合制动要求，则基于缩比实验原理对制动器的制动性能进行进一步的探索，采用三相异步电机、飞轮、制动盘模仿矿井提升机实际制动过程。如图2-18所示为动态电机械制动器试验台。

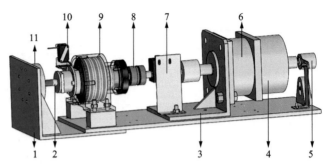

1—挡板；2—传力杆；3—力矩电机支撑挡板；4—力矩电机；
5—编码器；6—行星齿轮减速器；7—扭矩传感器挡板；8—联轴器；
9—电机械制动器；10—位移传感器；11—轮辐式传感器。

**图 2-17　制动器静态制动试验台**

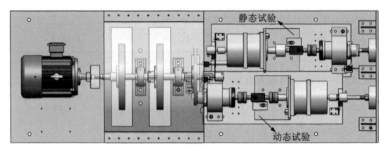

（a）俯视图

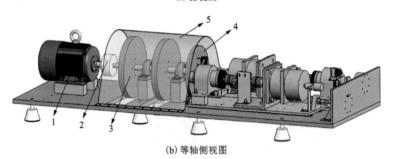

（b）等轴侧视图

1—三相异步电机；2—离合器；3—飞轮；4—制动盘；5—保护罩。

**图 2-18　动态电机械制动器试验台**

# 2.6　本章小结

本章基于矿井提升机运动学理论和制动原理，提出了适用于提升机的电机械制动器结构设计方案，通过对比分析不同种类电机、减速增扭装置和运动转换装置的优缺点，确定了制动器执行部件；结合电机械制动器的制动要求，通过理论计算完成了电机、减速器、换向装置、碟形弹簧等关键部件的选型，最终得到了电机械制动器、静动态试验台的三维模型。

第 3 章

# 制动器壳体多目标优化与稳定性分析

## 3.1 引言

　　电机械制动器在制动过程中，通过电机转动产生转矩，使得碟形弹簧伸缩压紧制动盘实现制动，而制动器壳体内部腔体作为碟形弹簧作用力的支撑面，需要时刻承受制动正压力，因此对壳体结构进行强度、刚度校核以及结构优化是必要的。本章采用多目标优化对壳体进行参数化建模，得出制动器壳体的最优结构参数，并对优化后的壳体进行静力学分析；利用软件 nCode Design Life 模块对优化前后的制动器壳体进行疲劳寿命仿真，并对比分析碟形弹簧与优化后壳体的振动特性与结构特性。最终判断优化后的壳体结构和电机械制动器结构的合理性。

## 3.2 优化前制动器壳体有限元分析

　　电机械制动器在开闸工作状态下时的碟形弹簧压缩量为 6.18 mm，壳体作为支撑部件需要承受 30 kN 的正压力，这对制动器壳体的刚度和强度提出了一定的要求，因此有必要对制动器壳体的刚度和强度进行校核分析。

### 3.2.1 有限元分析理论基础

　　有限元分析基本思想是对结构进行划分，以实现模型的离散化。采用多单元体代替实际复杂结构，每个单元之间通过节点相连接，根据有限元的基本思想建立整体平衡方程，最终进行求解[73]。每个单元体内的应变，可依据广义应变和变形的关系表达：

$$\{\boldsymbol{\varepsilon}\} = [\boldsymbol{B}]\{\boldsymbol{\delta}_e\} \tag{3-1}$$

式中：$\boldsymbol{\delta}_e$ 为节点广义位移；$\boldsymbol{\varepsilon}$ 为节点广义应变；$\boldsymbol{B}$ 为节点广义变形与应变之间的微分关系。

　　每个单元体内的应力，可依据广义应变与应力之间的关系表达为：

$$\{\boldsymbol{\sigma}\} = \boldsymbol{D}[\boldsymbol{\varepsilon}] = \boldsymbol{D}[\boldsymbol{B}]\{\boldsymbol{\delta}_e\} \tag{3-2}$$

式中：$\boldsymbol{D}$ 为材料物理方程中的弹性矩阵。

根据虚功原理可知，外力对虚位移所做的功等于应变力对虚应变所做的虚工，则有：

$$\int_V \delta\boldsymbol{\varepsilon}^T\boldsymbol{\sigma}\mathrm{d}V = \delta\boldsymbol{\delta}_e^T\boldsymbol{P} \tag{3-3}$$

把式(3-1)和式(3-2)代入式(3-3)中可得到单元的平衡方程如下：

$$\{\boldsymbol{P}_e\} = [\boldsymbol{K}_e]\{\boldsymbol{\delta}_e\} \tag{3-4}$$

式中：$[\boldsymbol{K}_e] = \int_V [\boldsymbol{B}]^T[\boldsymbol{D}][\boldsymbol{B}]\mathrm{d}V$，为单元刚度矩阵；$\{\boldsymbol{P}_e\}$ 为单元等效节点载荷向量。

结合各元素的平衡方程，就可以建立整个结构平衡方程组，进而形成总体刚度矩阵：

$$[\boldsymbol{K}]\{\boldsymbol{\delta}\} = \{\boldsymbol{P}\} \tag{3-5}$$

式中：$[\boldsymbol{K}]$ 为总体刚度矩阵；$\{\boldsymbol{\delta}\}$ 为总体位移向量；$\{\boldsymbol{P}\}$ 为总体载荷向量。

对上式进行求解，可获得每个节点的位移，代入式(3-1)和式(3-2)中可求出各单元的应变和应力。

### 3.2.2　壳体结构静力学分析

为简化模型，提高计算效率，在建模时忽略圆孔、螺纹孔、倒角和圆角等特征，简化后的模型如图3-1所示。

将制动器壳体模型导入静力学模块中，在材料设置中添加制动器壳体的材料参数，材料选用 $45^\#$ 钢。利用 ANSYS 软件对制动器壳体进行静力学分析，完成材料参数的设置及模型网格划分。

利用 ANSYS 软件，在壳体底部施加固定约束，因制动器在未工作状态下制动器壳体会受到来自碟形弹簧的 30 kN 正压力，故设置载荷为 30 kN，方向与弹簧力的方向一致，结合式(3-1)~(3-5)得到了制动器壳体在压力作用下的变形量与应力云图，如图3-2所示。

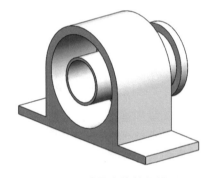

图3-1　制动器壳体简化模型图

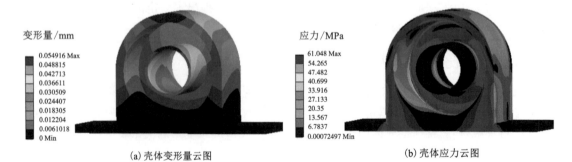

变形量/mm

0.054916 Max
0.048815
0.042713
0.036611
0.030509
0.024407
0.018305
0.012204
0.0061018
0 Min

应力/MPa

61.048 Max
54.265
47.482
40.699
33.916
27.133
20.35
13.567
6.7837
0.00072497 Min

(a) 壳体变形量云图　　　　　　　　　(b) 壳体应力云图

图3-2　壳体静力学分析结果

　　由图 3-2(a)可看出，制动器壳体的最大变形量约为 0.055 mm，最大变形发生在壳体外部边缘处，内部变形量较小；由图 3-2(b)可以看出，最大应力出现在内部边缘处，最大应力为 61.048 MPa，最大应力未超出材料的屈服强度，且由内往外应变逐渐减小，出现该现象是因为壳体内部边缘处容易产生应力集中，而内部的变形量明显小于外部的变形量。由此可见，壳体外部边缘处可通过结构优化以延长制动器壳体的使用寿命与提高其稳定性。

## 3.3　优化前制动器壳体动态特性分析

### 3.3.1　模态特性分析

　　为更好地分析系统动态特性，常采用模态分析来获得系统的阻尼、固有频率以及模态振型等模态参数作为分析依据[74]。这里壳体属于有边界约束的 $N$ 自由度系统，则其多自由度系统平衡方程如下：

$$M\ddot{X}+C\dot{X}+KX=F \tag{3-6}$$

式中：$F$ 为系统每个点的激励载荷向量；$M$ 为系统的质量矩阵；$C$ 为系统的阻尼矩阵；$X$ 为系统每个点的位移向量；$K$ 为系统的刚度矩阵。

　　系统在线性情况下，其部分点的响应可进行线性叠加，则壳体前 $n$ 点的位移响应为：

$$x_n(\omega) = \varphi_{n1}q_1(\omega) + \varphi_{n2}q_2(\omega) + \cdots + \varphi_{nN}q_N(\omega) = \sum_{r=1}^{N} \varphi_{nr}q_r(\omega) \tag{3-7}$$

式中：$\varphi_{nr}$ 为第 $n$ 个点第 $r$ 阶模态的振型系数，由 $N$ 个点的振型系数组成的列向量可反映出第 $r$ 阶模态的振动形状，表达如下：

$$\varphi_r = \begin{Bmatrix} \varphi_1 \\ \varphi_2 \\ \cdots \\ \varphi_N \end{Bmatrix}_r \tag{3-8}$$

　　各阶模态向量共同组成的矩阵称为模态矩阵：

$$\boldsymbol{\Phi} = \begin{bmatrix} \varphi_1 & \varphi_2 & \cdots & \varphi_N \end{bmatrix} \tag{3-9}$$

　　根据式(3-6)~(3-9)，对壳体进行模态分析得到前六阶云图，如图 3-3 所示。

　　根据壳体的前六阶振型云图，得到壳体的固有频率数值和振型变化结果，如表 3-1 所示。

表 3-1　壳体前六阶固有频率数值与振型变化

| 阶数 | 固有频率/Hz | 振型变化 |
| --- | --- | --- |
| 一阶 | 2065 | 壳体变形，顶部边缘处变形量最大 |
| 二阶 | 2517 | 壳体变形，右上端产生的变形量最大 |
| 三阶 | 4113 | 壳体向后端倾斜，有明显的变形 |
| 四阶 | 4167 | 壳体向下发生变形，有明显的变形 |
| 五阶 | 4434 | 壳体变形，壳体内部柱状体变形量最大 |
| 六阶 | 4449 | 壳体变形，壳体内部柱状体变形量最大 |

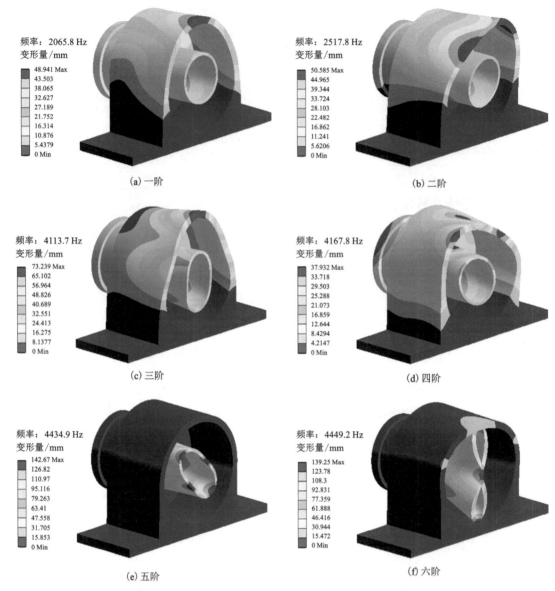

(a) 一阶

(b) 二阶

(c) 三阶

(d) 四阶

(e) 五阶

(f) 六阶

图 3-3　壳体前六阶模态

由表 3-1 可知，壳体的模态分析前六阶固有频率范围为 2065~4449 Hz，可对壳体进行谐响应分析。

### 3.3.2　谐响应分析

将壳体模态分析结果导入谐响应分析模块中，并设置谐响应激振频率范围为 0~5000 Hz，分析间隔为 50 Hz，则共计有 100 个间隔点，求解得到壳体频率和应力、加速度、位移响应及速度之间的关系。由图 3-4 可知，壳体在不同的激振频率载荷作用下，应力、加速度、位移和速度均在 0~2000 Hz 区域时逐渐增加，波峰主要出现在 2000~2500 Hz

和 4000～5000 Hz 两个区域，在 2100～4000 Hz 和 4100～4500 Hz 区域，频率开始下降直至到达波谷。由此可见，在动载荷达到一阶模态和三阶模态频率时壳体会产生较大的变形与应力，可能会引起壳体损坏，因此在设计壳体时应避开 2000～2500 Hz 和 4000～5000 Hz 频率区间，避免失效。

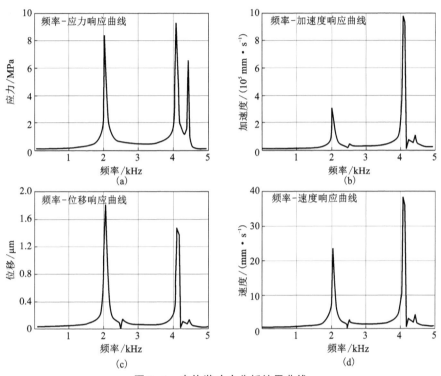

图 3-4　壳体谐响应分析结果曲线

## 3.4　制动器壳体结构优化分析

由制动器壳体的静力学分析以及动态特性分析结果可知，壳体的刚度和强度符合设计要求，为进一步研究分析壳体结构特征，采用多目标优化方法对壳体结构进行优化。

### 3.4.1　结构优化设计方法

结构优化设计有解析法和数值法两种方法。解析法，在面对复杂的问题时，难以列出微分方程，因此该方法在工程上使用较少；数值法，利用 ANSYS 软件进行求解计算，通过反复迭代得出最值，以达到结构优化的目的[75-76]。为了优化壳体力学性能，通过对比分析两种结构优化方法的优缺点，最终采用数值法对壳体结构进行优化。结合壳体受力情况，建立了壳体结构的多目标优化仿真模型，采用响应面方法对壳体结构进行优化。

### 3.4.2　多目标优化数学模型建立

建立合适的壳体轻量化设计数学模型，是实现壳体轻量化设计的前提。将制动器壳体深度、碟簧支撑面直径和推力轴承座外径3个参数作为设计变量,如表3-2所示。

表3-2 设计变量的变化范围和含义

| 设计变量 | 变化范围 | 含义 |
|---|---|---|
| $x_1$ | 56.7~69.3 | 制动器壳体深度 |
| $x_2$ | 103.5~126.5 | 碟簧支撑面直径 |
| $x_3$ | 72~88 | 推力轴承座外径 |

由表3-2可知,在壳体的3个设计变量的变化范围确定后,采用向量形式表达为:

$$\boldsymbol{x} = (x_1 \quad x_2 \quad x_3)^{\mathrm{T}} \tag{3-10}$$

选定壳体的总质量作为优化目标函数,壳体的最大应力和最大变形作为优化约束条件,则目标函数可表示为:

$$f(\boldsymbol{x}) = M(\boldsymbol{x}) = M(x_1, x_2, x_3) \tag{3-11}$$

为使壳体的强度满足应力需求,轻量化后壳体的最大应力不得超过45#钢的许用应力,当安全系数取1.3时,约束表达式可表示为:

$$g_1(X) = \sigma_{\max} - [\sigma] \leqslant 0 \tag{3-12}$$

式中:$\sigma_{\max}$为壳体的最大应力;$[\sigma]$为壳体的许用应力,$[\sigma] = 235$ MPa。

在刚度上应当满足位移约束的要求,为避免轻量化设计后最大变形量增加,设置壳体的变形不大于0.5 mm,则可表示为:

$$g_2(X) = \delta_{\max} - [\delta] \leqslant 0 \tag{3-13}$$

式中:$\delta_{\max}$为壳体的最大位移;$[\delta]$为壳体的许用位移,$[\delta] = 0.5$ mm。

将目标函数式(3-11)和两个约束条件式(3-12)、(3-13)作为壳体结构轻量化设计的数学模型,设置静力学分析结果中的制动器壳体深度、碟簧支撑面直径和推力轴承座外径为输入参数,最大位移、最大应变和质量为输出参数,得到壳体的数学优化模型,结合有限元分析软件中的静力学分析模块和响应面优化分析模块对壳体完成多目标优化。

### 3.4.3 优化结果分析

基于建立的数学模型,在响应面优化中选择设计类型为 Central Composite Design 进行试验设计,得到16组试验设计点,其中最大应力、最大变形量和质量与试验设计点之间的关系如图3-5所示。

由图3-5可看出最大应力、最大变形量和质量与试验设计点之间的关系曲线均出现了三次波峰,此时三者达到了所属区域的极大值。此外,轻量化设计效果的优劣取决于质量的大小,由图可看出第5组和第11组两组设计点,最大应力和最大变形量处于波峰状态,而质量处于波谷状态,不是最佳状态。在第5组时应力达到139.78 MPa,最大变形量达到0.224 mm,质量为5.24 kg;第11组时应力达到128.61 MPa,变形量达到0.266 mm,质量为4.85 kg。尽管两组质量实现了优化且结构强度也符合要求,但仍具有优化空间,因此有必要将试验设计点进行拟合,从而得出输入参数与输出参数之间的关系。

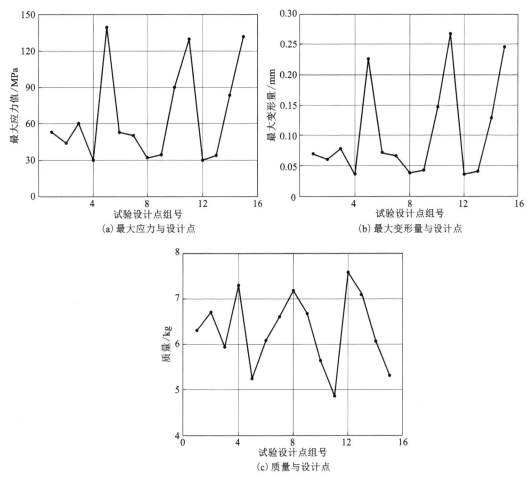

(a) 最大应力与设计点

(b) 最大变形量与设计点

(c) 质量与设计点

**图 3-5　输出参数与试验设计点的关系图**

　　为分析制动器壳体深度、碟簧支撑面直径和推力轴承座外径对质量、最大应力和最大变形量的影响程度，结合设计点进行响应面拟合，得出壳体在 30 kN 作用力情况下的变形量、应力和质量的关系图，如图 3-6 所示。

　　由图 3-6(a)可知：当制动器壳体深度加大时，变形量也随之增大，当达到最深深度 69.3 mm 时，最大变形量为 0.4 mm。由图 3-6(b)：当推力轴承座外径增大时，变形量随之减小，外径达到最大值 88 mm 时，变形量为 0.05 mm。由图 3-6(c)可知：当碟簧支撑面直径增大时，变形量随之增大。由此可得出输入参数制动器壳体深度和碟簧支撑面直径与变形量呈线性关系，推力轴承座外径与变形量成反比关系；通过增大推力轴承座外径、减小壳体深度和碟簧支撑面直径可有效降低壳体形变量，增大壳体的强度。

　　图 3-7(a)为制动器壳体深度与应力关系图，制动器壳体深度和应力的关系整体呈正相关，壳体深度增加，应力也增加，当壳体深度达到最深深度 69.3 mm 时，应力为 172.07 MPa。图 3-7(b)为推力轴承座外径与应力关系图，由图可知当推力轴承座外径增大时，应力先增大后减小，当推力轴承座外径达到最大值 88 mm 时，应力为 57.87 MPa。

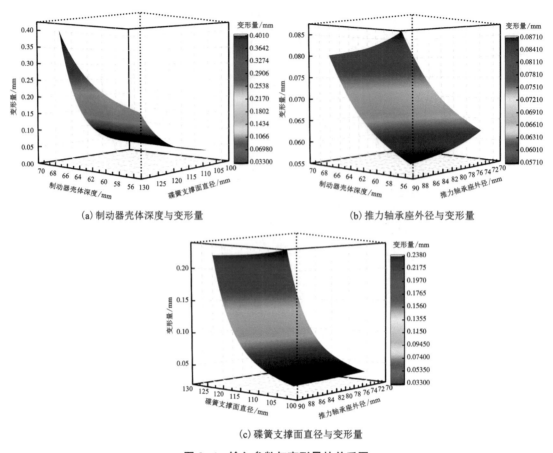

（a）制动器壳体深度与变形量　　　　　（b）推力轴承座外径与变形量

（c）碟簧支撑面直径与变形量

图 3-6　输入参数与变形量的关系图

图 3-7（c）为碟簧支撑面直径与应力关系图，由图可知碟簧支撑面直径越大，所产生的应力越大，当碟簧直撑面直径达到最大值 126.5 mm 时，正压力为 133.8 MPa。由此可得出输入参数制动器壳体深度和碟簧支撑面直径与应力呈线性关系；通过减小壳体深度和碟簧支撑面直径可有效减小壳体变形量，增大壳体的强度。

图 3-8（a）为制动器壳体深度与质量关系图，由图可知壳体深度越大壳体质量越小，当深度为 69.3 mm 时，壳体质量为 4.74 kg；图 3-8（b）为推力轴承座外径与质量的关系，推力轴承座外径越大，则壳体质量越大，当外径为 88 mm 时，壳体质量为 6.2 kg；图 3-8（c）为碟簧支撑面直径与质量的关系，直径越大，壳体质量越小，当直径达到最大值 126.5 mm 时，壳体质量为 5.51 kg。由此可得出输入参数制动器壳体深度和碟簧支撑面直径与应力成反比关系；通过增大壳体深度和碟簧支撑面直径可有效降低壳体质量，实现壳体的轻量化。

综上所述，在保持壳体刚度和强度一定的情况下，为实现壳体的轻量化设计，采用多目标优化方法，设置初始样本数量为 100，迭代 20 次，输出最优解组数为 3 组，优化后得到 3 组最优解，如表 3-3 所示。

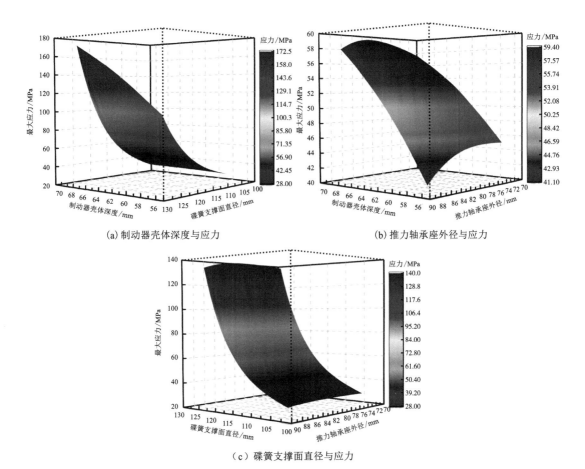

(a) 制动器壳体深度与应力　　　　　(b) 推力轴承座外径与应力

（c）碟簧支撑面直径与应力

**图 3-7　输入参数与应力关系图**

**表 3-3　壳体优化 3 组最优解**

| 项目 | 第一组 | 第二组 | 第三组 |
| --- | --- | --- | --- |
| 壳体深度/mm | 68.103 | 66.535 | 63.567 |
| 推力轴承座外径/mm | 111.70 | 107.39 | 113.32 |
| 碟簧支撑面直径/mm | 72.738 | 72.194 | 72.475 |
| 最大应力/MPa | 45.730 | 35.543 | 47.724 |
| 最大变形/mm | 0.0625 | 0.0459 | 0.0625 |
| 质量/kg | 6.09 | 6.55 | 6.19 |

从表 3-3 中可以看出，在保证壳体的强度和刚度的前提下 3 组参数均可实现壳体结构优化，对比分析发现第一组实现轻量化设计效果更佳，因此选择第一组作为最优解，取整后壳体深度为 68 mm、碟簧支撑面直径为 73 mm、推力轴承座外径为 112 mm，壳体整体质量为 6.09 kg，和未优化前的 6.32 kg 相比轻了 0.23 kg，且壳体的强度和刚度符合要求，实现了壳体轻量化设计。

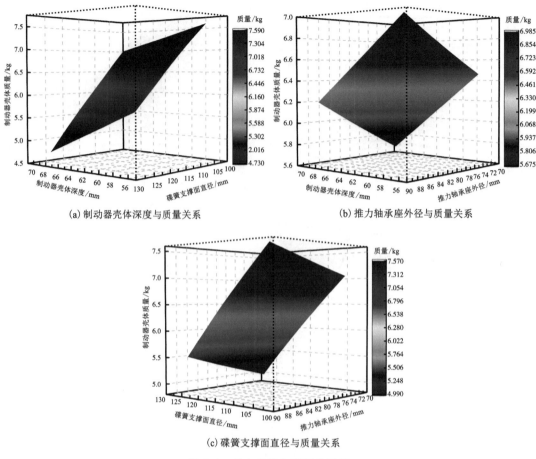

(a)制动器壳体深度与质量关系　　　　(b)推力轴承座外径与质量关系

(c)碟簧支撑面直径与质量关系

**图 3-8　输入参数与质量关系图**

### 3.4.4　优化前后壳体疲劳寿命对比分析

壳体作为电机械制动器的关键部件，在制动与松闸过程中，壳体需承受碟形弹簧产生的循环作用力，会导致其应力集中发生疲劳破坏，进而使得电机械制动器丧失制动能力。结合优化前壳体结构有限元分析，利用 ANSYS 中的 nCode Design Life 模块，对优化前后的壳体结构进行疲劳寿命分析，以验证优化结果。

对壳体结构做疲劳寿命分析计算求解，需在 nCode 模块的主界面创建壳体结构疲劳寿命分析项目图，主要包括有限元分析结果导入，材料映射及壳体材料的 $S$-$N$ 曲线，设置疲劳寿命数据输出结果为输出模块等，其整体分析流程如图 3-9 所示。

经过应变疲劳系统运行可得到优化前与优化后壳体结构的疲劳寿命图，分别如图 3-10 和图 3-11 所示。

由图 3-10 和图 3-11 可知，优化前后的壳体结构疲劳失效的位置与应力集中的位置相同；优化前寿命为 $2.026\times10^9$ 次，优化后寿命为 $1.027\times10^{10}$ 次，优化后的壳体结构寿命明显高于优化前的壳体结构，较优化前疲劳寿命提高了 20%，说明多目标优化后的壳体的性能得到了提升。

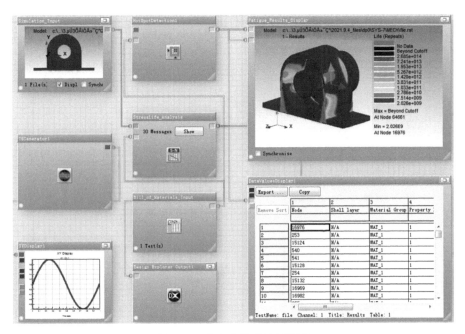

图 3-9 应力疲劳系统项目图

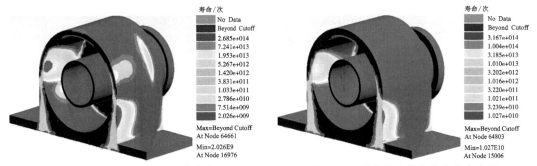

图 3-10 优化前壳体结构疲劳寿命图        图 3-11 优化后壳体结构疲劳寿命图

## 3.5 优化后壳体稳定性分析与实物加工

为验证优化后制动器壳体结构的稳定性，对优化后的壳体结构进行谐响应分析，并将分析结果与碟形弹簧动态特性分析结果进行对比，从而验证壳体的稳定性和结构设计的合理性。

### 3.5.1 优化后壳体谐响应分析

依据壳体最优结构参数进行壳体结构建模，利用 ANSYS 软件对其进行谐响应分析，仿真分析结果如图 3-12 所示，壳体的应力、加速度、位移和速度曲线在 2000~3000 Hz 区域出现了波峰，在 4000~5000 Hz 区域内出现了一次大的波峰和几组小的波峰。

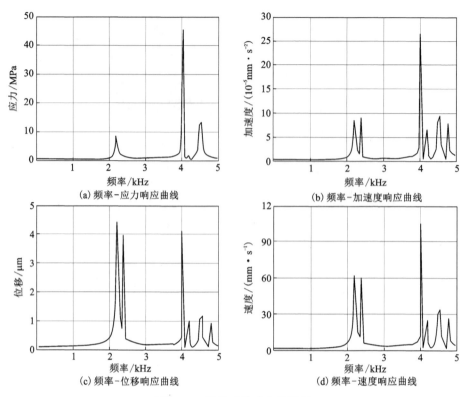

图 3-12　优化后谐响应曲线图

## 3.5.2　碟形弹簧动态特性分析

在制动器工作过程中，碟形弹簧会在压缩与伸张状态下进行转换，势必会产生一定的振动，而碟形弹簧与壳体密切接触有可能会产生共振现象，从而影响制动器的正常使用和工作寿命，因此有必要对其进行动态特性分析，验证两者之间是否存在共振现象。

将之前建立的碟形弹簧组合体三维模型导入 ANSYS 中进行模态分析，设置碟形弹簧的材料为 60Si2MnA，其属性如下：密度 7740 kg/m³，泊松比 0.29，弹性模量 206 GPa。随即进行仿真分析，得到其前六阶云图如图 3-13 所示。

由图 3-13 可知，一至六阶模态云图中振动变形最明显的地方均位于大径端面处，变形量范围为 30~70 mm。第一阶至第三阶碟形弹簧组合体弯曲变形不大，变形集中于大径端面处；第四阶至第六阶碟形弹簧组合体弯曲变形逐渐增大，变形不仅仅局限于大径端面，在内部的碟形弹簧也出现了明显的弯曲现象。整体振动频率范围为 1603~4840 Hz，各阶振动频率如图 3-14 所示。

将碟形弹簧组合体模态分析结果导入 Harmonic Response 模块中，设置谐响应激振频率的范围为 0~5000 Hz、分析间隔为 50 Hz，共计 100 个间隔点，求解得到壳体频率与应力和位移响应之间的关系，如图 3-15 所示。

由图 3-15 可知，碟形弹簧组合体在不同的振动频率动载荷的作用情况下，频率-应力

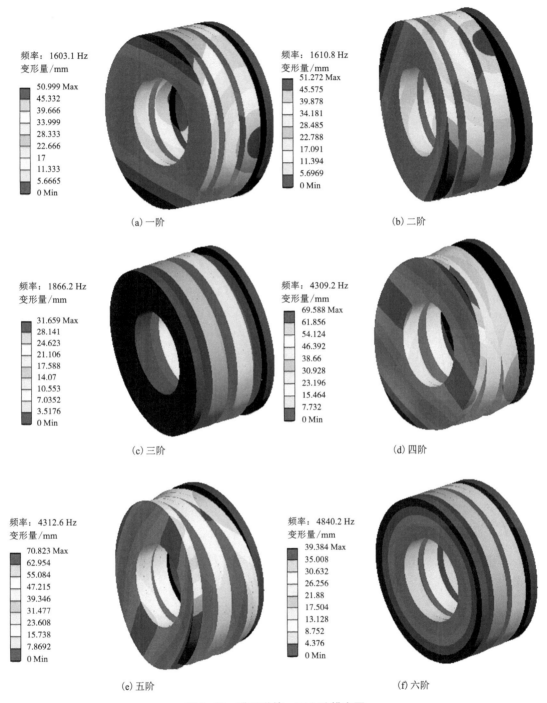

图 3-13　碟形弹簧一至六阶模态图

和频率–位移的极大值主要出现在 1000~1500 Hz 区域，与优化后壳体结构错峰出现最大值，且由模态分析振动频率知悉，两者的振动频率不存在整数倍关系，即两者不会产生共振现象，说明优化后的壳体结构具有一定的稳定性，结构设计合理。

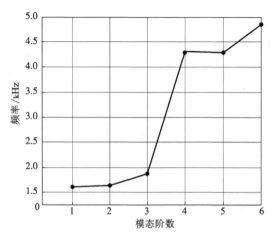

图 3-14  频率-模态阶数关系图

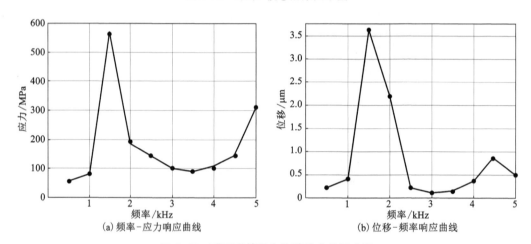

(a) 频率-应力响应曲线

(b) 位移-频率响应曲线

图 3-15  碟形弹簧组合体谐响应分析曲线

### 3.5.3  制动器壳体实物

基于疲劳寿命分析和稳定性分析验证了壳体结构设计的合理性，采用多目标优化得出了最优参数，加工得出制动器壳体实物如图 3-16 所示。

(a) 右侧视图

(b) 左侧视图

图 3-16  制动器壳体实物

## 3.6　本章小结

本章针对电机械制动器的关键零部件壳体进行静力学分析，校验了壳体结构的刚度和强度，利用动态特性分析得到了壳体的振动特性曲线；建立了壳体的结构优化数学模型，基于数学模型进行仿真得到了输入变量与变形量、应力和质量的关系；采用多目标优化得到了壳体结构的最优解——壳体深度为 68 mm、碟形弹簧支撑面直径为 73 mm 和推力轴承座外径为 112 mm，此时壳体整体质量为 6.09 kg，较优化前质量明显减小。通过疲劳寿命分析结果可知，优化前后的壳体结构疲劳失效的位置与应力集中的位置相同；优化前寿命为 $2.026×10^9$ 次，优化后寿命为 $1.027×10^{10}$ 次，优化后的壳体结构寿命明显高于优化前的壳体结构，较优化前疲劳寿命提高了 20%，多目标优化后的壳体性能得到了提高。对比分析优化后壳体结构与碟形弹簧的模态分析和谐响应分析结果可知，制动器在制动过程中不会因共振而影响整体的结构的稳定性，从而验证了制动器结构设计以及壳体优化后结构的合理性，并以壳体结构最优参数为基础，完成了壳体实物的加工。

第 4 章

# 控制系统设计及仿真分析

制动器前置时间、最大制动力和提升机负载是影响制动效果的三个主要因素。其中制动器前置时间包含电机响应时间和制动间隙消除时间，提升机负载由实际运行工况决定。根据制动器设计相关的影响因素，将电机械制动器的控制系统分为制动力控制和制动间隙控制两部分，控制流程如图 4-1 所示。

制动力控制和制动间隙控制主要是调节电机械制动系统的转速和电压，从而获得良好的制动力跟踪效果和消除制动磨损带来的影响。本章将通过对电机械制动的控制系统进行研究，设计能够使电机械制动更适应矿井提升机制动系统的控制器。

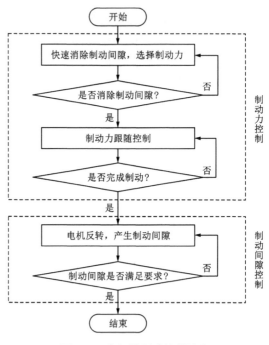

图 4-1　电机械制动控制流程

## 4.1　控制策略

### 4.1.1　闭环控制结构

制动力控制和制动间隙控制的核心均为对电机械制动电机的控制，要求输出适当的扭矩和转速，控制闸瓦推力和位移。

按前述章节选择改变电压对直流电机进行调速，电枢电流在电机启动瞬间会迅速增加至峰值，随着电机转速越来越高，电枢反电动势随转速持续增加，使电流迅速减小。电磁转矩与电流相关，电流减小使得电机驱动转矩减小，起步速度变慢。为了缩短执行机构的前置时间，首先考虑对电机的转速进行控制。根据反馈控制理论，引入转速负反馈，形成转速闭环控制，提高电机转速的控制精度和响应速度。

电磁转矩是改变制动力的直接因素，永磁力矩电机的电磁转矩与电枢电流成正比。电机械制动系统启动频率高、负载大，为了实现电机的快速反应，希望电枢电流在电机械制动工作过程中始终保持较高值，给予电机尽可能大的启动加速度。在消除制动间隙后，再控制电流立即下降至目标制动力对应的电流，使电机械制动输出目标制动力。制动间隙控制同样需要前期较大程度上精准控制的电枢电流，为了实现对电流的监测与控制，引入电流控制环，对电枢电流形成闭环控制。

在电机械制动工作过程中，最终的控制变量为制动正压力和制动间隙，制动正压力将直接影响制动力矩的大小，制动间隙影响空动时间。因此，电机械制动控制系统最直接的控制目标是制动正压力和制动间隙，在确保制动器能够按需求产生合适的制动力和制动间隙的基础上，提高系统的反应速度。由于制动力和制动间隙控制分属两个工作环节，不会同时作用，因此由上层程序根据工况选择运行环节。

综上所述，最终确定如图 4-2 所示的三闭环电机械制动控制系统结构方案。三闭环电机械制动控制系统可以获得更好的稳态和瞬态性能。最外环制动力和制动间隙控制环决定制动器主要性能参数的输出，是最重要的控制环，本书将对制动力控制器和制动间隙控制器做主要设计。转速控制环和电流控制环用于限制和保护被控对象，调节环内的扰动，辅助外环控制，转速控制器和电流控制器直接使用经典 PID 控制。

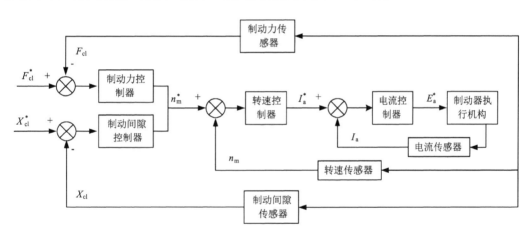

**图 4-2　三闭环电机械制动控制系统**

## 4.1.2　控制算法

经典控制理论和现代控制理论中包含了各种类型的控制算法，在电机控制方面，目前常见的算法有逻辑控制、PID 控制、滑膜变结构控制等。逻辑控制通过程序命令和与、或、非逻辑门运算控制系统输出，控制程序简单，易于实现，但控制精度低，难以实现制动器所需的控制效果。滑膜变结构控制响应速度快，对参数变化及负载扰动不敏感，但易产生抖振问题，不适用于电机械制动控制系统。

电机械制动系统除电机的摩擦力矩外，电磁绕组间的感抗、阻抗，齿轮减速器和滚珠丝杠的摩擦都是高阶非线性函数，闸瓦与制动盘之间的摩擦因数同样呈非线性关系。整个电机械制动器表现为复杂的高阶非线性时不变系统，对其进行精确的数学建模相当困难，即便建立了数学模型，也与实际表现相差较远，因此电机械制动器应选择具有强鲁棒性和抗干扰能力的控制策略。

PID 控制结构简单，方便学习和调试，诞生近百年来仍是工程中使用率最高的控制算法。通过对 PID 控制器的理论分析及结合工程应用的经验，证明了其结构简单、稳定性好、适应性强、鲁棒性强，在工程实际中易于理解和实现，对于大部分的工业流程，能够得到一个比较满意的控制效果。使用现代控制理论设计控制器需花费大量精力用于建立数学模型和进行参数辨识，且难以达到预期效果。因此，本书以 PID 控制为基础，设计制动力和制动间隙控制算法。

随着控制理论的不断发展与完善，生产工艺的日益改进与提高，工程师在不断提出新的控制方法与思路的同时，对经典 PID 控制也做出大量的改进。为进一步提高 PID 控制器的控制能力，在传统 PID 控制器中引入其他算法成为新的研究方向，这种引入其他算法的 PID 控制器被称为优化 PID 型控制器。设计 PID 型控制器的本质是选择合适的控制器参数，优化 PID 型控制器即通过引入的算法确定控制参数。优化 PID 型控制器常引入的算法有模糊算法、临界比例度法、专家算法、神经网络算法和遗传算法（Genetic algorithm, GA）等。引入算法的不同表示 PID 参数的计算方式不同，各种算法都有其特点，故经不同算法得出的参数会产生不同的控制效果。本章将通过设计传统 PID 和优化 PID 型控制器，对比控制效果，并选择合适的控制算法作为电机械制动系统的控制器。

## 4.2 控制算法设计

### 4.2.1 PID 控制

使用 PID 控制依靠经验和现场调试就能获得一个比较满意的控制效果。

如图 4-3 所示，PID 控制器包含比例、积分、微分三个环节，通过偏差 $e(t)$ 调节被控对象的输入 $u(t)$。

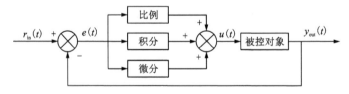

**图 4-3 PID 控制器结构框图**

$$u(t) = k_{\mathrm{P}}e(t) + k_{\mathrm{I}}\int_0^t e(t)\,\mathrm{d}t + k_{\mathrm{D}}\frac{\mathrm{d}e(t)}{\mathrm{d}t} \tag{4-1}$$

式中：$u(t)$ 为被控对象的输入；$e(t)$ 为目标量与输出量的误差；$k_P$ 为比例系数；$k_I$ 为积分系数；$k_D$ 为微分系数。

$$e(t) = r_{in}(t) - y_{out}(t) \tag{4-2}$$

式中：$r_{in}(t)$ 为系统的目标量；$y_{out}(t)$ 为系统的输出量。

PID 控制器中的比例环节将偏差做线性变化，使得控制器能够迅速地对偏差进行调节，$k_P$ 越大，调节效果越明显，$k_P$ 越小，调节力度越小。但单纯的比例环节易使输出量在目标值附近抖动，难以消除偏差。微分环节计算了偏差的变化速率，提前预测偏差的变化进而修正偏差，类似于阻尼作用，其目的是降低输出量的抖动，将偏差的变化速率趋近于零。$k_D$ 越大，阻尼越强，但当 $k_D$ 过大时，反向迟滞力过强，会使系统产生振荡。当偏差较小且稳定时，比例和微分环节的调节力度不足，对消除偏差起不到有效作用。积分环节不断对偏差进行积分，并反映在调节力度上，只要存在偏差，随着时间的推移，积分量就会不断增加，调节力度不断加大，直至消除偏差。$k_I$ 越大，积分效果越明显，但 $k_I$ 过大会引起系统振荡，$k_I$ 偏小则积分效果不明显。

综上可知，$k_P$、$k_I$、$k_D$ 的值决定着 PID 的控制效果，PID 控制器经过长期的发展，已有多种方式对 $k_P$、$k_I$、$k_D$ 的值进行整定。本章主要设计经典 PID 控制器，并对比不同控制算法的控制效果。

在实际使用经典 PID 控制器时，其参数整定主要通过以下方法。

(1) 理论计算整定法：对系统进行数学建模，通过数值计算得出 $k_P$、$k_I$、$k_D$。该方法工作量较大，计算难度大，且得出的参数未必满足使用需要，仍需在工程中调整。

(2) 工程整定方法：依赖工程经验试凑，直接改变系统中 PID 控制器参数，调试输出值的变化曲线选择合适的参数。该方法在控制系统的试验中进行，取得的参数值不是最优，但简单易学，在工程实际中被广泛采用。

参考以上两种方法的优缺点，决定使用工程整定方法对经典 PID 控制器进行参数整定，并在后续与其他控制器进行控制效果对比，根据结果选择合适的控制器。工程整定法依据以下步骤实操：

步骤 1：试凑比例系数 $k_P$。在试凑 $k_P$ 时，首先要排除 $k_I$、$k_D$ 对系统的影响，将 $k_I$、$k_D$ 设定为 0，即对积分和微分环节不产生作用。从小到大依次改变 $k_P$ 的值，观察被控系统响应曲线的振荡变化趋势。若振荡不断变大，可降低 $k_P$ 的值；若振荡不断减小，则继续增大 $k_P$ 值。当系统的响应曲线能够快速达到目标值时，记录此时的 $k_P$ 值，如果系统稳态误差不在设计范围，再使用积分环节。

步骤 2：试凑积分系数 $k_I$。在试凑 $k_I$ 时，为补偿积分环节带来的系统稳定性下降，须将 $k_P$ 减小 10%~20%，排除微分环节对控制系统的影响，将 $k_D$ 设定为 0。先小后大依次调节 $k_I$，使系统具有良好动态性能的同时消除稳态误差。当系统出现振荡时，记录振荡前 $k_I$ 值，若 PID 控制下的稳态误差不在设计范围，再使用微分环节。

步骤 3：试凑微分系数 $k_D$。试凑 $k_D$ 时，在步骤 2 的基础上将 $k_I$ 扩大 40%~60%。由大到小调整 $k_D$ 值，降低曲线振荡频率，逐步试凑以获得更好的控制效果和控制参数。

## 4.2.2　模糊 PID

模糊算法使用逻辑运行规则将工程经验组成条件语句，再通过模糊化、模糊推理和解模糊计算实际值。模糊算法包含输入隶属度函数、输出隶属度函数和规则库，如图 4-4 所示。

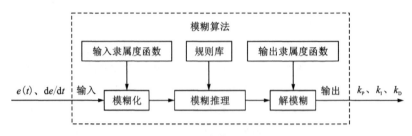

图 4-4　模糊算法结构

模糊化本质上是根据输入隶属度函数，将输入变量转化为语言变量的过程。模糊推理是根据模糊规则库将输入的语言变量运算出输出语言变量，即模糊规则运算过程。解模糊的主要目的是将模糊推理得到的输出语言变量值映射到真实的世界中，计算出输出变量的实际值，是模糊化的反过程。

将模糊算法引入 PID 控制器，即以偏差 $e(t)$ 和偏差变化率 $de/dt$ 为输入，通过模糊算法整定 $k_P$、$k_I$、$k_D$ 的值，如图 4-5 所示。模糊 PID 控制器首先将 $e(t)$ 和 $de/dt$ 模糊化，求出 $k_P$、$k_I$、$k_D$ 的隶属度，之后通过隶属度值进行解模糊运算，得出 $k_P$、$k_I$、$k_D$ 现实值，将值代入 PID 控制器。设计模糊算法的主要内容即确定输入、输出隶属度函数和模糊推理的规则库。

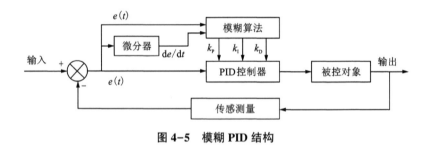

图 4-5　模糊 PID 结构

因此，模糊 PID 控制器依如下步骤开展设计：

(1)确定模糊算法的输入和输出及论域划分。电机械制动系统 $e(t)$ 和 $de/dt$ 为模糊算法的输入，以 $k_P$、$k_I$、$k_D$ 为输出，将输入、输出变量的论域划分为负大、负中、负小、零、正小、正中、正大七挡，依次用符号 NB、NM、NS、ZO、PS、PM、PB 表示。

(2)确定隶属度函数。输入隶属度函数是由清晰输入到模糊输入转变的重要依据，本书采用三角函数作为模糊算法的隶属度函数：

$$\mu_{Ai} = \begin{cases} \dfrac{1}{b-a}(x-a)， a \leqslant x < b \\ \dfrac{1}{b-c}(x-c)， b \leqslant x < c \end{cases} \quad (4-3)$$

式中：$\mu_{Ai}$ 为隶属度；$x$ 为模糊论域值；$a$、$b$、$c$ 分别为 $x$ 对应论域的最小值、中值、最大值。

（3）确定模糊推理方法。采用 Mamdani 推理，计算出模糊语言值，此推理方法计算简单、成熟。

（4）建立模糊规则库。对模糊算法的输入进行识别，参考实际控制经验建立合适的模糊规则库，根据识别的数据对参数进行实时调整，调整经验基本如下：

①当 $e(t)$ 绝对值较大时，为缩短调节时间，可以令 $k_P$ 取较大值，$k_D$ 取较小值，以避免 $de/dt$ 瞬时过大，$k_I$ 应取较小值以避免超调量过大。

②当偏差 $e(t)$ 绝对值位于中间值附近时，可以减小 $k_P$ 以避免系统超调，并适当增大 $k_I$、$k_D$ 用以稳定系统，提高系统的响应速度。

③当偏差的绝对值较小时，可以适当增大 $k_P$、$k_I$，扩大偏差的影响和消除系统振荡，$k_D$ 的调整需要结合偏差变化率的值来判断。

根据以上经验，设计建立模糊规则如表 4-1 所示。

表 4-1　模糊规则表

| $e(t)$ | de/dt | | | | | | |
|---|---|---|---|---|---|---|---|
| | NB | NM | NS | ZO | PS | PM | PB |
| NB | PB/NB/PS | PB/NB/PS | PM/NM/ZO | PM/NM/ZO | PS/NS/ZO | PS/ZO/PB | ZO/ZO/PB |
| NM | PB/NB/NS | PB/NM/NS | PM/NM/NS | PM/NS/NS | PS/NS/ZO | ZO/ZO/NS | ZO/ZO/PM |
| NS | PB/NM/NB | PM/NM/NB | PM/NS/NM | PS/ZO/NS | ZO/ZO/ZO | PS/PS/PS | PS/PS/PM |
| ZO | PM/NM/NB | PS/NS/NM | PS/ZO/NM | ZO/ZO/NS | NS/PS/ZO | NM/PS/PS | NM/PM/PM |
| PS | PS/NS/NB | ZO/ZO/NM | ZO/ZO/NS | NS/PS/NS | NS/PS/ZO | NM/PM/PS | NM/PM/PS |
| PM | ZO/ZO/NM | ZO/ZO/NS | NS/PS/NS | NS/PM/NS | NM/PM/ZO | NM/PM/PS | NB/PB/PS |
| PB | PB/ZO/PS | PM/ZO/ZO | NS/PM/ZO | NS/PM/ZO | NM/PB/ZO | NB/PB/PB | NB/PB/PB |

（5）确定解模糊方法。采用重心法作为解模糊的方法，其表达式为：

$$z_0 = \frac{\sum_{i=0}^{n} \left[ \mu_c(z_i) \cdot z_i \right]}{\sum_{i=0}^{n} \mu_c(z_i)} \tag{4-4}$$

式中：$z_0$ 为输出量的精确值；$z_i$ 为规则 $i$ 产生的模糊变量在论域内的值；$\mu_c(z_i)$ 为 $z_i$ 的隶属度。

为落实模糊 PID 参与控制系统，使用 MATLAB 模糊工具箱编写模糊算法，操作界面如图 4-6 所示。图 4-6（a）的两个输入分别对应 $e(t)$ 和 $de/dt$，三个输出分别对应 $k_P$、$k_I$ 和 $k_D$。图 4-6（b）为偏差 $e(t)$ 的三角形隶属度函数在模糊工具箱的编写界面，$de/dt$、$k_P$、$k_I$、$k_D$ 隶属度函数与偏差 $e(t)$ 的建立类似，不再作图展示。

根据表 4-1 所示的模糊规则表，使用 if 语句在模糊工具箱中编写模糊规则库，如图 4-7 所示，模糊算法包含 2 个输入变量，每个变量的论域被划分为 7 挡，模糊规则共计 49 条。

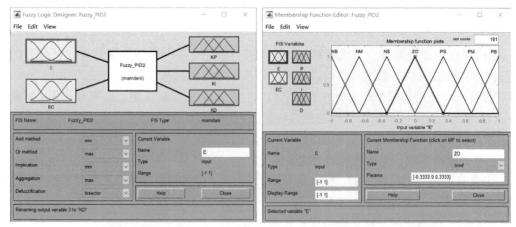

(a) 模糊工具箱主界面 　　　　　　(b) 三角形隶属度函数编写

图 4-6　模糊工具箱操作界面

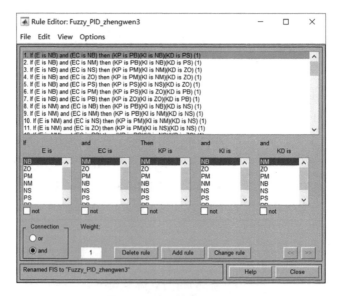

图 4-7　编写模糊规则库

在 Simulink 中使用模糊逻辑控制器调用编写的模糊规则，如图 4-8 所示，对于模糊 PID 控制结果，将在后文中与其他控制器一起对比控制效果。

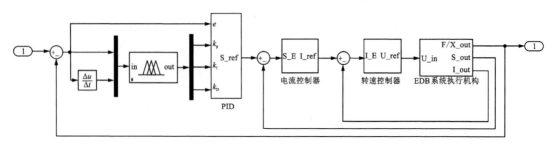

图 4-8　模糊 PID 仿真程序

### 4.2.3 遗传算法 PID

遗传算法的运算思路是将问题的可行解理解为一条"染色体"，组成解的元素理解为"基因"，解的合集理解为"种群"，之后模拟达尔文的生物进化理论，对种群反复进行选择、复制、交叉和变异等遗传学操作，逐代提高个体的适应度。适应度较高的染色体被保留成为下一代的父代，经过连续迭代，染色体适应度越来越高，至迭代结束产生优解。遗传算法的基本流程如图 4-9 所示，可全局搜索并获得较高的整定精度，在 PID 调参方面应用广泛。

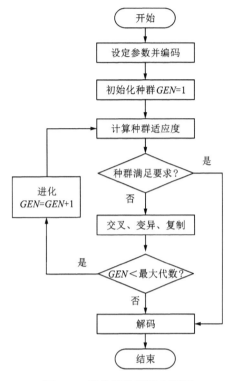

图 4-9 遗传算法的基本流程

引入遗传算法的优化 PID 型控制器（GA-PID），实质是通过遗传算法优秀的搜索能力选择合适的 $k_P$、$k_I$、$k_D$ 作为 PID 的控制参数，进而实现对控制效果的优化。遗传算法 PID 的基本设计按照如下步骤。

步骤 1：初始化种群。根据经验和控制对象特性确定 PID 参数合理的取值范围，确定算法的搜索空间；在搜索空间内随机生产 SIZE 组 $k_P$、$k_I$、$k_D$ 作为第一代种群，POP 代表种群规模，一般取 20~100；种群内每条染色体均为一组 PID 参数，选择实数编码的方式对染色体进行编码，并在之后的过程中进行遗传操作。

步骤 2：确定适应度函数。迅速、准确、稳定是一个优秀的控制系统必备的性能，通常系统对阶跃输入的响应反映了系统的性能指标。将误差绝对值、超调量、上升时间和调节时间考虑进目标函数。采用目标函数：

$$J_{GA} = \int_0^\infty \left( w_1 |e(t)| + w_2 e_p(t) + w_3 t_u \right) \mathrm{d}t + w_4 t \tag{4-5}$$

式中：$e(t)$ 为误差；$e_p(t) = y(t) - y(t-1)$；$y(t)$ 为系统输出；$t_u$ 为上升时间；$w_1$、$w_2$、$w_3$、$w_4$ 为加权值。

根据控制对象的工作要求，可加大需要着重控制的指标对应的权重。目标函数是衡量控制效果的重要指标，与适应度函数紧密相关，故选择目标函数的倒数作为适应度函数：

$$F = \frac{1}{J_{GA}} \tag{4-6}$$

步骤 3：设计遗传算子。遗传算法每次迭代都会产生新的染色体，遗传算子是染色体进化的关键，其包括交叉、变异和复制算子。

交叉算子：交叉过程是将上一代两条染色体从基因编码的某处切断，并交叉拼接在一起，切断点大于等于 1 处，仅交叉染色体相同位置的基因，经交叉产生的新染色体与上一代染色体长度相同。每完成一次迭代都需要计算所有染色体的适应度，一般通过轮盘赌算法在上一代染色体中选择合适的个体作为交叉过程的父代。轮盘赌算法即适应度越高的染色体被选中作为交叉过程父代的概率越大，被选中的概率 $P_{jci}$ 为：

$$P_{jci} = \frac{F_i}{\sum_{i=1}^{SIZE} F_i} \tag{4-7}$$

式中：$F_i$ 为第 $i$ 条染色体的适应度。

变异算子：交叉过程虽能保证每次迭代保留优良的基因，但仅对父代基因进行组合，不能产生新的基因，难以做到随机搜索最优解，因此需添加变异过程。变异即随机修改染色体上部分基因的值，为了算法快速收敛，适应度较低的染色体不会是最优解，可直接改变染色体上的基因，生成新的子代，即变异的概率与适应度成反比。染色体被选择变异的概率 $P_{byi}$ 为：

$$P_{byi} = 1 - \frac{F_i}{\sum_{i=1}^{SIZE} F_i} \tag{4-8}$$

复制算子：在种群的每一次迭代中，适应度较高的染色体可以直接复制给下一代。

步骤 4：选取运行参数。选取遗传算法必需的运行参数：种群规模 $SIZE = 100$、进化代数 $GEN = 200$、单个变量的编码基因长度 $LONG = 10$。

## 4.3 仿真结果及分析

制动器作为矿井提升运行的末端执行器，主要接收上层总线下发的制动需求，根据目标制动力产生能够迅速稳定跟随的实际制动力。根据设计的算法对制动力和制动间隙做跟随目标值控制，转速环和电流环使用传统 PI 控制。

在 Simulink 仿真程序中将目标制动力设置为 20 kN，初始状态电压为零，制动力等于碟簧闭闸设计负载 30 kN，电机电压设定上限为 27 V。经仿真计算，不同控制器输出的制动力响应及对应电压变化如图 4-10 所示。

由制动力响应曲线可以看出，PID 和模糊 PID 控制下的制动力超调量较大，调节时间较长，但能够将系统稳定在目标值。GA-PID 控制的调节时间和超调量均较小，稳态误差略大，经整体对比认为 GA-PID 的控制效果较优。观察对应电压变化曲线可以发现，响应前期实际制动力与目标制动力差值较大，3 种算法输出的电压均为最大电压 27 V。在电机驱动下制动力迅速接近目标值，误差减小，电压迅速降低至稳定值，GA-PID 达到稳定时间最短，但输出值一直存在振动，振动幅值较小，制动力始终保持稳定。在 Simulink 仿真程序中设置目标制动间隙为 1 mm，初始状态电压为零，闸瓦移动时需克服碟簧弹力，电压上限为 27 V。经仿真计算，不同控制器输出的制动间隙响应及对应电压变化如图 4-11所示。

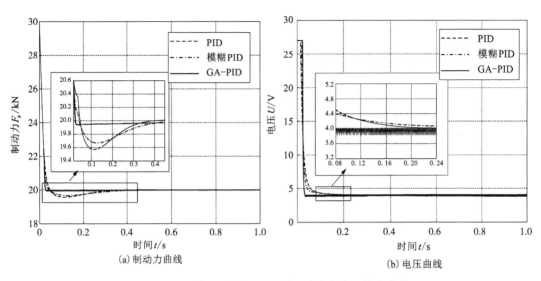

图 4-10　目标制动力 20 kN 时制动力和电压仿真曲线

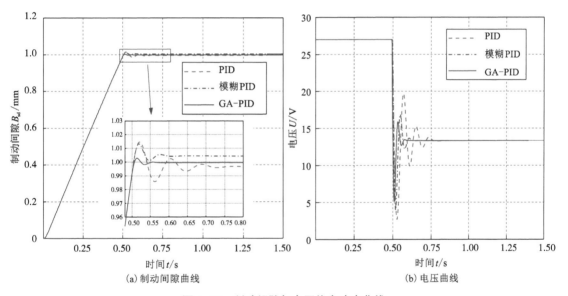

图 4-11　制动间隙与电压仿真响应曲线

　　观察图 4-11 可以发现,在 0.50 s 前,受电压上限的限制,3 种控制算法的电压输出值均为 27 V,此阶段 3 条制动间隙响应曲线重合;0.50 s 后制动间隙接近目标值,3 种算法均可控制制动间隙使其稳定,其中 GA-PID 的控制效果最好,超调量和调节时间均为三者最小,但其计算复杂,仿真时间较长。模糊 PID 的控制效果略优于传统 PID,由电压响应曲线同样可以看出,3 种控制算法中 GA-PID 的效果最好,模糊 PID 次之,传统 PID 效果最差。

## 4.4　本章小结

　　本章考虑了力矩电机的工作特点，确定了对制动力和制动间隙的三闭环电机械制动控制策略，并讨论了控制算法的选择；梳理了传统 PID、模糊 PID 和 GA-PID 控制器的设计流程，建立了电机械制动控制系统；分别搭建了对制动力和制动间隙的闭环控制仿真模型，对不同控制器的控制效果进行了计算模拟。仿真结果验证了三闭环控制策略的合理性，并表明电机械制动可以通过选择合适的控制器使系统获得更好的响应效果。综合分析制动力控制和制动间隙控制仿真结果可知，GA-PID 的控制效果更好，鲁棒性更强，但在制动力控制时，GA-PID 控制算法下的电压在稳态值附近有小幅度高频振动。

第 5 章

# 制动器响应特性分析及其动力学仿真

## 5.1 动力学分析

### 5.1.1 力矩电机模型

#### 5.1.1.1 力矩电机驱动模型

本书使用永磁式直流力矩电机，内部有电阻、电感等，其简化模型建立在以下假设的基础上：

（1）忽略电枢绕组的电感和互感。

（2）忽略电刷换向对电机运行产生的影响。

（3）忽略电枢反应对气隙磁场的影响。

简化后的电路图如图 5-1 所示。

永磁式直流力矩电机的标准电压模型为：

$$U = I_a R_a + U_e + L_a \frac{\mathrm{d}I_a}{\mathrm{d}t} + 2\Delta u_b \quad (5-1)$$

式中：$U_e$ 为电机反电动势，V；$2\Delta u_b$ 为电机两个电刷的接触压降，取 1 V。

直流电机的电枢绕组一般包括多条并联支路，每条支路的反电动势相等。反电动势是与转速相关的直流电动势：

$$U_e = K_e n_e \quad (5-2)$$

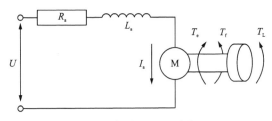

$U$—电压，V；$R_a$—电阻，$\Omega$；$I_a$—电流，A；

$L_a$—电感，mH；$T_e$—电磁转矩，N·m；

$T_f$—摩擦转矩，N·m；$T_L$—负载转矩，N·m。

**图 5-1 力矩电机简化电路**

式中：$K_e$ 为反电动势系数，V/(r·min⁻¹)；$n_e$ 为电机电枢转速，r/min；

通电电枢在永磁磁场内产生电磁转矩，在磁场强度不变的情况下，转矩大小与通过电枢的电流有关：

$$T_e = K_T I_a \tag{5-3}$$

式中：$K_T$ 为转矩常数，$(N \cdot m)/A$。

当转子速度稳定，即 $\dfrac{dI_a}{dt} = 0$ 时，根据式（5-1）和式（5-2）得电机电枢转速为：

$$n_e = \frac{U - 2\Delta u_b}{K_e} - \frac{R_a}{K_e K_T} T_e \tag{5-4}$$

式中：$R_a$ 为电机阻尼，$(N \cdot m)/(r \cdot min^{-1})$。

从式（5-4）中可以看出，当电磁转矩 $T_e$ 平衡时，影响转速的因素有 $R_a$、$K_T$、$K_e$ 和 $U$。电机械制动使用永磁式力矩电机，其 $K_T$、$K_e$ 均保持不变，串联电阻改变转速的方式不如调节电压效率高，且电压调速易于实现无级调速，稳定性好，故本书在调整电机转速时使用改变电压的方式。

电机转子在动力学上满足：

$$J_m \frac{d^2 \theta_m}{dt^2} = T_e - T_f - T_L \tag{5-5}$$

式中：$J_m$ 为电机转动惯量，$kg \cdot m^2$；$\theta_m$ 为电机转角，$rad$。

### 5.1.1.2 电机摩擦模型

电机转动时必受摩擦影响，对于电机械制动器而言，将摩擦力矩考虑进动力学分析中可以进一步提高施加在制动盘上制动力的控制精度。因此，有必要对力矩电机旋转运动的摩擦特性进行分析和建模，并在此基础上对制动力进行补偿，实现对制动力矩更加精确和迅速的调节。

影响摩擦特性的因素众多，包括但不限于相对速度、润滑介质、材料属性。摩擦机理十分复杂，众多学者为探究摩擦特性，减小摩擦带来的影响，提出了各种模型。表5-1 描述了四种较常见的摩擦模型的数学表达式和摩擦力矩-速度关系图。从表5-1 中可以看出四种模型在描述摩擦过程上逐渐复杂，Stribeck 摩擦模型更加符合摩擦力矩的实际变化情况。然而在相关参数的确定方面，Stribeck 摩擦模型也更为困难，需要对电机进行大量试验，偏离了本书的重点。静摩擦+库仑+黏滞模型在描述力矩电机工作过程中的摩擦力矩上已经相对全面，故决定以该模型对摩擦力矩进行建模。

表5-1　不同摩擦模型的数学式和摩擦力矩-速度图

| 模型 | 数学式 | 关系图 |
|------|--------|--------|
| 库仑模型 | $T_f = T_k \operatorname{sgn} \omega$ | |

第5章 制动器响应特性分析及其动力学仿真

续表5-1

| 模型 | 数学式 | 关系图 |
|------|--------|--------|
| 库仑+黏滞模型 | $T_f = T_k \operatorname{sgn}\omega + C\omega$ | 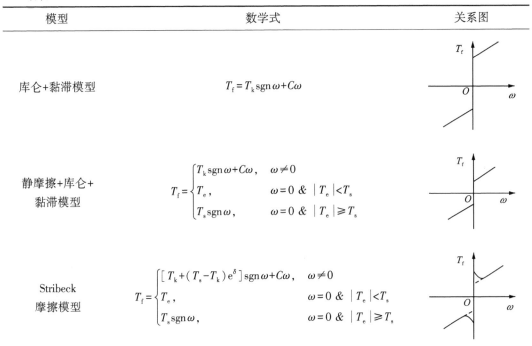 |
| 静摩擦+库仑+黏滞模型 | $T_f = \begin{cases} T_k \operatorname{sgn}\omega + C\omega, & \omega \neq 0 \\ T_e, & \omega = 0 \ \& \ \|T_e\| < T_s \\ T_s \operatorname{sgn}\omega, & \omega = 0 \ \& \ \|T_e\| \geq T_s \end{cases}$ | |
| Stribeck 摩擦模型 | $T_f = \begin{cases} \left[ T_k + (T_s - T_k) e^{\delta} \right] \operatorname{sgn}\omega + C\omega, & \omega \neq 0 \\ T_e, & \omega = 0 \ \& \ \|T_e\| < T_s \\ T_s \operatorname{sgn}\omega, & \omega = 0 \ \& \ \|T_e\| \geq T_s \end{cases}$ | |

注：$T_f$ 为摩擦力矩；$T_k$ 为库仑摩擦力矩；$\omega$ 为相对滑动速度；$C$ 为黏滞摩擦因数；$T_s$ 为最大静摩擦力矩；$\delta$ 为与 $\omega$ 相关的 Stribeck 模型指数。

符号函数：

$$\operatorname{sgn}\omega = \begin{cases} +1, & \omega > 0 \\ 0, & \omega = 0 \\ -1, & \omega < 0 \end{cases} \tag{5-6}$$

在 Simulink 中搭建如表 5-1 所示的静摩擦+库仑+黏滞模型的数学式仿真模型，相对滑动速度 $\omega$ 为电机转子角速度 $\omega_m$。搭建仿真模型的困难之处在于相对滑动速度 $\omega$ 为零阶段，此阶段的摩擦力矩与外力矩相关。考虑到 Simulink 模型为数值计算，为了计算稳定进行，研究将相对滑动速度为零时，等价于 $\omega_m$ 小于一个很小的值，此很小值可取 $10^{-3}$。使用具有饱和特性的 Saturation 函数计算 $\|\omega_m\| < 10^{-3}$ 时的摩擦力矩，设置饱和值为最大静摩擦力矩 $T_s$。如此，当电机输出电磁转矩 $T_e$ 小于 $T_s$ 时，Saturation 函数运行在中部线性阶段，此时 $T_f$ 等于 $T_e$；当电机输出电磁转矩 $T_e$ 大于 $T_s$ 时，Saturation 函数运行在饱和阶段，此时 $T_f$ 等于 $T_s$，$T_e$ 超出 $T_f$ 的部分作为电机输出力矩带动负载运动。当 $\|\omega_m\| > 10^{-3}$ 时，摩擦力矩为库仑摩擦和黏滞摩擦之和。

在 Simulink 环境下搭建电机摩擦模型，如图 5-2 所示，搭建时使用 Compare To Constant 函数判断是否在最大静摩擦力矩之内，从而确定 $T_f$ 是使用 Saturation 函数通道还是库仑摩擦和黏滞摩擦之和通道。

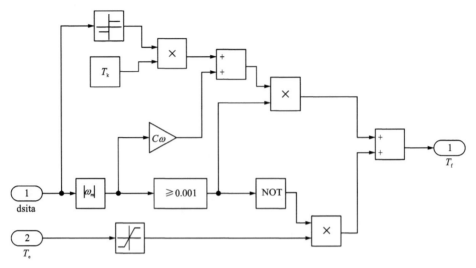

图 5-2　电机摩擦仿真模型

## 5.1.2　行星减速器模型

电机械制动系统采用 NGW 型直齿轮行星减速机构，对其的动力学分析可以参考定轴齿轮传动，将齿轮啮合转换为如图 5-3 所示的弹性系统和惯性系统。

图 5-3 为定轴直齿轮传动啮合模型，将齿轮在 $x$ 和 $y$ 方向分解为两个方向的弹性阻尼系统，将齿轮啮合理解为弹簧和阻尼。本书为方便计算，认为齿轮和行星架是刚性的，不同齿轮间啮合及行星轮与行星架的接触用线性弹簧和阻尼表示。行星减速器结构特殊，运动复杂，需清晰描述行星轮的自转

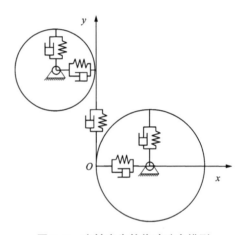

图 5-3　定轴直齿轮传动啮合模型

与公转，仅使用单一固定坐标系难以表述各部件之间的运动关系，因此在固定坐标系 $x_1 O_1 y_1$ 的基础上添加两个随动坐标系 $x_2 O_2 y_2$ 和 $x_3 O_2 y_3$，如图 5-4 所示。随动坐标系 $x_2 O_2 y_2$ 绕固定坐标系原点 $O_1$ 旋转，随动坐标系绕原点 $O_2$ 自转。随动坐标系可以简单表述行星轮的移动和转动，再利用随动坐标系在固定坐标系的运动关系，将各组件联系起来。

电机械制动系统采用单级 NGW 型行星齿轮传动，太阳轮与电机转子固接承受动力输入，行星架与滚珠丝杠固接作为动力输出构件。在行星齿轮动力学分析中，考虑了太阳轮和行星架的旋转、行星轮在随动坐标系中的旋转和在固定坐标系中的旋转，共 8 个自由度。

在不考虑齿轮间隙、摩擦和阻尼的影响，根据拉格朗日方程推导行星齿轮传动的基本动力学公式。动力系统的拉格朗日函数为：

$$L = T - V \tag{5-7}$$

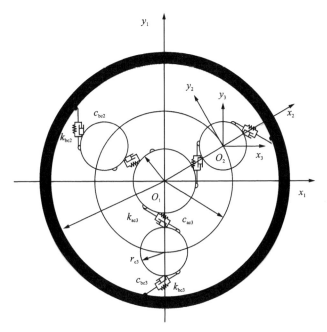

**图 5-4　行星齿轮传动模型**

式中：$T$ 为系统动能，J；$V$ 为系统势能，J。

在行星减速器系统中：

$$T=\frac{1}{2}\Big[J_a\dot{\theta}_a^2+\sum_{i=1}^{3}J_{ci}(\dot{\theta}_{ci}-\dot{\theta}_{oi})^2+\sum_{i=1}^{3}m_{ci}(r_v\dot{\theta}_{ci})^2+J_v\theta_v^2\Big] \tag{5-8}$$

$$V=\frac{1}{2}\Big[\sum_{i=1}^{3}k_{aci}(r_a\theta_a-r_a\theta_{ci}-r_{ci}\theta_{oi})^2+\sum_{i=1}^{3}k_{bci}(r_{ci}\theta_{oi}-(r_v+r_{ci})\theta_{ci})^2+\sum_{i=1}^{3}k_{cvi}r_v^2(\theta_{ci}-\theta_v)^2\Big]$$

$$\tag{5-9}$$

式中：$\theta_a$ 为太阳轮角位移；$\theta_{ci}$（$i$ 表示行星轮序号，$i=1$，2，3）为行星轮角位移；$\theta_v$ 为行星架角位移，rad，均以 $x_1O_1y_1$ 为坐标系；$\theta_{oi}$ 为行星轮相对随动坐标系的角位移，rad；$J_a$、$J_{ci}$、$J_v$ 分别为太阳轮、行星轮、行星架转动惯量，kg·m²；$r_a$、$r_{ci}$、$r_v$ 分别为太阳轮、行星轮、行星架受力半径，m；$m_{ci}$ 为行星轮质量，kg；$k_{aci}$ 为太阳轮与行星轮接触刚度，N/m；$k_{bci}$ 为内齿轮与行星轮接触刚度，N/m；$k_{cvi}$ 为行星轮与行星架接触刚度，N/m。

根据行星减速器结构，有：

$$r_b=r_a+2r_{ci} \tag{5-10}$$

$$r_v=r_a+r_{ci} \tag{5-11}$$

式中：$r_b$ 为内齿圈受力半径，m。

由式(5-7)～式(5-9)得：

$$L=\frac{1}{2}\Big[J_a\dot{\theta}_a^2+\sum_{i=1}^{3}J_{ci}(\dot{\theta}_{ci}-\dot{\theta}_{oi})^2+\sum_{i=1}^{3}m_{ci}(r_v\dot{\theta}_{ci})^2+J_v\theta_v^2\Big]-$$

$$\frac{1}{2}\Big\{\sum_{i=1}^{3}k_{aci}(r_a\theta_a-r_a\theta_{ci}-r_{ci}\theta_{oi})^2+\sum_{i=1}^{3}k_{bci}[r_{ci}\theta_{oi}-(r_v+r_{ci})\theta_{ci}]^2+\sum_{i=1}^{3}k_{cvi}r_v^2(\theta_{ci}-\theta_v)^2\Big\}$$

$$\tag{5-12}$$

根据拉格朗日方程，有：

$$\frac{\mathrm{d}}{\mathrm{d}t}\left(\frac{\partial L}{\partial \dot{\theta}_p}\right)-\frac{\partial L}{\partial \theta_p}=Q_p \tag{5-13}$$

式中：根据分析对象不同，下标 $p$ 可分别为 a、$ci$、$oi$、v；$Q_p$ 为广义力。

当 $p=$a，即对太阳轮进行分析时，广义力 $Q_a=T_m$，有：

$$J_a\ddot{\theta}_a+r_a^2\sum_{i=1}^{3}k_{aci}\theta_a-r_a\sum_{i=1}^{3}k_{aci}r_{ci}\theta_{oi}-r_a^2\sum_{i=1}^{3}k_{aci}\theta_{ci}=T_m \tag{5-14}$$

当 $p=ci$，即对行星轮公转进行分析时，广义力 $Q_{ci}=0$，有：

$$(J_{ci}+m_{ci}r_v^2)\ddot{\theta}_{ci}-J_{ci}\ddot{\theta}_{oi}-k_{aci}r_a^2\theta_a+[k_{aci}r_ar_{ci}-k_{bci}r_{ci}(r_v+r_{ci})]\theta_{oi}+$$
$$[k_{aci}r_a^2+k_{cvi}r_v^2+k_{bci}(r_v+r_{ci})^2]\theta_{ci}-k_{cvi}r_v^2\theta_v=0 \tag{5-15}$$

当 $p=oi$，即对行星轮自转进行分析时，广义力 $Q_{oi}=0$，有：

$$J_{ci}(\ddot{\theta}_{oi}-\ddot{\theta}_{ci})-k_{aci}r_ar_{ci}\theta_a+(k_{aci}+k_{bci})r_{ci}^2\theta_{oi}+[k_{aci}r_ar_{ci}-k_{bci}r_{ci}(r_v+r_{ci})]\theta_{ci}=0 \tag{5-16}$$

当 $p=$v，即对行星架进行分析时，广义力 $Q_v=-T_{vL}$，有：

$$J_v\ddot{\theta}_v-r_v^2\sum_{i=1}^{3}k_{cvi}\theta_{ci}+r_v^2\sum_{i=1}^{3}k_{cvi}\theta_v=-T_{vL} \tag{5-17}$$

式中：$T_{vL}$ 为行星架输出力矩，N·m，即丝杠驱动力矩。

在此基础上进一步考虑摩擦和阻尼对行星减速器的影响。按图 5-5 对 NGW 型行星齿轮进行受力分析，齿轮接触力：

$$F_{aci}=k_{aci}(r_a\theta_a-r_a\theta_{ci}-r_{ci}\theta_{oi})+c_{aci}(r_a\dot{\theta}_a-r_a\dot{\theta}_{ci}-r_{ci}\dot{\theta}_{oi}) \tag{5-18}$$

$$F_{bci}=k_{bci}[r_{ci}\theta_{oi}-(r_v+r_{ci})\theta_{ci}]+c_{bci}[r_{ci}\dot{\theta}_{oi}-(r_v+r_{ci})\dot{\theta}_{ci}] \tag{5-19}$$

$$F_{cvi}=k_{cvi}r_v(\theta_{ci}-\theta_v)+c_{cvi}r_v(\dot{\theta}_{ci}-\dot{\theta}_v) \tag{5-20}$$

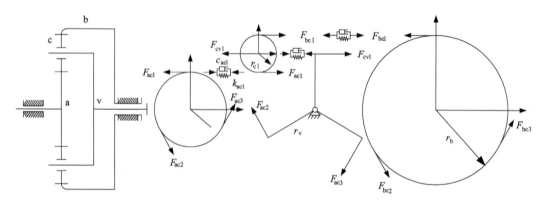

图 5-5　行星齿轮传动受力分析

1）太阳轮

太阳轮与电机转子的角位移一致，在上述公式中添加摩擦和阻尼力矩，有：

$$J_a\ddot{\theta}_a+T_{az}+T_{an}+r_a\sum_{i=1}^{3}F_{aci}=T_m \tag{5-21}$$

式中：$T_{az}$ 为太阳轮滚动摩擦力矩，N·m；$T_{an}$ 为太阳轮齿间摩擦力矩，N·m。用静摩擦力矩表示两者：

$$T_{az}=\mathrm{sgn}(\dot{\theta}_a)T_{az0}+C_a\dot{\theta}_a \tag{5-22}$$

$$T_{an} = \mathrm{sgn}(\dot{\theta}_a) \left[ T_{an0} + \mu_{ac} r_a \sum_{i=1}^{3} |F_{aci}| \right] \tag{5-23}$$

式中：$T_{az0}$ 为太阳轮转轴的静摩擦力矩，N·m；$C_a$ 为与转速相关的黏性摩擦因数，N·m/(rad·s$^{-1}$)；$T_{an0}$ 为太阳轮与行星轮之间齿轮啮合的静摩擦力矩，N·m；$\mu_{ac}$ 为摩擦因数。

加入齿轮间隙对太阳轮和行星轮的影响，根据式（5-18）、式（5-21）、式（5-22）和式（5-23），对太阳轮进行动力学分析：

$$J_a \ddot{\theta}_a + C_a \dot{\theta}_a + \mathrm{sgn}(\dot{\theta}_a) \left[ T_{a0} + \mu_{ac} r_a (k_{ac} |B_{ac1}| + c_{ac} |B_{ac2}|) \right] + r_a k_{ac} B_{ac1} + r_a c_{ac} B_{ac2} = T_m \tag{5-24}$$

式中：$T_{a0} = T_{az0} + T_{an0}$；等效啮合刚度 $k_{ac} = \sum_{i=1}^{3} k_{aci}$；等效啮合阻尼 $c_{ac} = \sum_{i=1}^{3} c_{aci}$；$B_{ac1}$ 和 $B_{ac2}$ 分别为太阳轮 a 和行星轮 c 传动时的间隙函数。

$$B_{ac1} = \begin{cases} 0, & r_a \theta_a - r_a \theta_c - r_c \theta_o < |B_{ac}| \\ r_a \theta_a - r_a \theta_c - r_c \theta_o - B_{ac}, & r_a \theta_a - r_a \theta_c - r_c \theta_o \geqslant B_{ac} \\ r_a \theta_a - r_a \theta_c - r_c \theta_o + B_{ac}, & r_a \theta_a - r_a \theta_c - r_c \theta_o \leqslant -B_{ac} \end{cases} \tag{5-25}$$

$$B_{ac2} = \begin{cases} 0, & r_a \theta_a - r_a \theta_c - r_c \theta_o < B_{ac} \\ r_a \dot{\theta}_a - r_a \dot{\theta}_c - r_c \dot{\theta}_o, & r_a \theta_a - r_a \theta_c - r_c \theta_o \geqslant |B_{ac}| \end{cases} \tag{5-26}$$

式中：$B_{ac}$ 为太阳轮 a 和行星轮 c 轮齿间隙。

2）行星轮

对行星轮的动力学分析主要从自转和公转两个角度进行，由式（5-18）、式（5-19）和图 5-5 得包含摩擦和阻尼的行星轮自转动力学方程为：

$$J_{ci}(\ddot{\theta}_{oi} - \ddot{\theta}_{ci}) + T_{czi} + T_{cni} + r_{ci} F_{bci} - r_{ci} F_{aci} = 0 \tag{5-27}$$

式中：$T_{czi}$ 为行星轮滚动摩擦力矩，N·m；$T_{cni}$ 为行星轮齿间摩擦力矩，N·m。用静摩擦力矩表示两者：

$$T_{czi} = \mathrm{sgn}(\dot{\theta}_{oi}) T_{cz0i} + C_{ci} \dot{\theta}_{oi} \tag{5-28}$$

$$T_{cni} = \mathrm{sgn}(\dot{\theta}_{oi})(T_{cn0i} + \mu_{bci} r_{ci} |F_{bci}|) \tag{5-29}$$

式中：$T_{cz0i}$ 为行星轮转轴的静摩擦力矩，N·m；$C_{ci}$ 为与转速相关的黏性摩擦因数；$T_{cn0i}$ 为齿轮啮合的静摩擦力矩，N·m；$\mu_{bci}$ 为摩擦因数。

加入齿隙对行星轮自转的影响：

$$J_c(\ddot{\theta}_o - \ddot{\theta}_c) + C_c \dot{\theta}_o + \mathrm{sgn}(\dot{\theta}_o) \left[ T_{c0} + \mu_{bc} r_c (k_{bc} |B_{bc1}| + c_{bc} |f_{bc2}|) \right] + r_c k_{bc} B_{bc1} + r_c c_{bc} B_{bc2} - r_c k_{ac} B_{ac1} - r_c c_{ac} B_{ac2} = 0 \tag{5-30}$$

式中：$T_{c0} = \sum_{i=1}^{3} T_{cz0i} + \sum_{i=1}^{3} T_{cn0i}$；等效转动惯量 $J_c = \sum_{i=1}^{3} J_{ci}$；等效刚度 $k_{bc} = \sum_{i=1}^{3} k_{bci}$；等效阻尼 $c_{bc} = \sum_{i=1}^{3} c_{bci}$；等效摩擦因数 $\mu_{bc} = \sum_{i=1}^{3} \mu_{bci}$；$B_{bc1}$ 和 $B_{bc2}$ 分别为内齿轮 b 和行星轮 c 传动时的间隙函数。

$$B_{bc1} = \begin{cases} 0, & |r_c \theta_o - (r_c + r_v) \theta_c| < B_{bc} \\ r_c \theta_o - (r_c + r_v) \theta_c - B_{bc}, & r_c \theta_o - (r_c + r_v) \theta_c \geqslant B_{bc} \\ r_c \theta_o - (r_c + r_v) \theta_c + B_{bc}, & r_c \theta_o - (r_c + r_v) \theta_c \leqslant -B_{bc} \end{cases} \tag{5-31}$$

$$B_{bc2} = \begin{cases} 0, & |r_c \theta_o - (r_c + r_v) \theta_c| < B_{bc} \\ r_c \dot{\theta}_o - (r_c + r_v) \dot{\theta}_c, & |r_c \theta_o - (r_c + r_v) \theta_c| \geqslant B_{bc} \end{cases} \qquad (5-32)$$

式中：$B_{bc}$ 为内齿轮 b 和行星轮 c 轮齿间隙，m。

行星轮的公转动力学方程由转动方程

$$m_{ci} r_v \ddot{\theta}_{ci} = F_{aci} + F_{bci} - F_{cvi} \qquad (5-33)$$

和式(5-27)推导得：

$$(J_{ci} + m_{ci} r_v^2) \ddot{\theta}_{ci} - J_{ci} \ddot{\theta}_{oi} = r_a F_{aci} + (r_{ci} + r_v) F_{bci} + T_{czi} + T_{cni} - r_v F_{cvi} \qquad (5-34)$$

将式(5-18)、式(5-19)、式(5-20)代入式(5-34)并加入行星轮轴间隙的影响得：

$$(J_c + m_c r_v^2) \ddot{\theta}_c - J_c \ddot{\theta}_o + r_v c_{cv} B_{cv2} - C_c \dot{\theta}_o - r_a k_{ac} B_{ac1} - r_a c_{ac} B_{ac2} - (r_v + r_c) k_{bc} B_{bc1} -$$
$$\mathrm{sgn}(\dot{\theta}_o) [T_{c0} + \mu_{cv} (r_c k_{cv} |B_{cv1}| + r_c c_{cv} |B_{cv2}|)] + (r_v + r_c) c_{bc} B_{bc2} = 0 \qquad (5-35)$$

式中：$m_c$ 为所有行星轮的等效质量，kg，$m_c = \sum_{i=1}^{3} m_{ci}$；$k_{cv}$ 为行星轮与行星架的等效接触刚度，N/m，$k_{cv} = \sum_{i=1}^{3} k_{cvi}$；$c_{cv}$ 为行星轮与行星架的等效接触阻尼，Ns/m，$c_{cv} = \sum_{i=1}^{3} c_{cvi}$；$B_{cv1}$ 和 $B_{cv2}$ 为行星轮 c 和行星架 v 传动时的间隙函数。

$$B_{cv1} = \begin{cases} 0, & r_v |\theta_c - \theta_v| < B_{cv} \\ r_v (\theta_c - \theta_v) - B_{cv}, & r_v (\theta_c - \theta_v) \geqslant B_{cv} \\ r_v (\theta_c - \theta_v) + B_{cv}, & r_v (\theta_c - \theta_v) \leqslant -B_{cv} \end{cases} \qquad (5-36)$$

$$B_{cv2} = \begin{cases} 0, & r_v |\theta_c - \theta_v| < B_{cv} \\ r_v (\dot{\theta}_c - \dot{\theta}_v), & r_v |\theta_c - \theta_v| \geqslant B_{cv} \end{cases} \qquad (5-37)$$

式中：$B_{cv}$ 为行星轮 c 和行星架 v 传动时的间隙，m。

3）行星架

考虑摩擦和阻尼的行星架动力学方程为：

$$J_v \ddot{\theta}_v = r_v \sum_{i=1}^{3} F_{cvi} - T_{vL} - T_{vz} - T_{vn} \qquad (5-38)$$

式中：$T_{vz}$ 为行星架滚动摩擦力矩，N·m；$T_{vn}$ 为与负载力矩相关的摩擦力矩，N·m。用静摩擦力矩表示 $T_{vz}$ 和 $T_{vn}$：

$$T_{vz} = \mathrm{sgn}(\dot{\theta}_v)(T_{vz0} + \mu_{rv} r_v |F_{rv}|) + C_v \dot{\theta}_v \qquad (5-39)$$

$$T_{vn} = \mathrm{sgn}(\dot{\theta}_v)(T_{vn0} + \mu_{vL} |T_{vL}|) \qquad (5-40)$$

式中：$T_{vz0}$ 为静摩擦力矩，N·m；$\mu_{rv}$ 为与行星架受丝杠轴向力 $F_{rv}$ 相关的摩擦因数；$C_v$ 为与行星架转速相关的黏性阻尼系数，N·m·s/rad；$T_{vn0}$ 为静摩擦力矩，N·m；$\mu_{vL}$ 为与负载力矩 $T_{vL}$ 相关的摩擦因数。

在上述公式的基础上，考虑滚珠丝杠螺母与丝杠间隙对动力学分析的影响，得：

$$J_v \ddot{\theta}_v + C_v \dot{\theta}_v + \mathrm{sgn}(\dot{\theta}_v) [T_{v0} + \mu_{de}(K_{de} |B_{de1}|) + C_{de} |B_{de2}|] +$$
$$\left(\frac{P_h}{2\pi}\right)(K_{de} B_{de1} + C_{de} B_{de2}) - r_v k_{cv} B_{cv1} - r_v c_{cv} B_{cv2} = 0 \qquad (5-41)$$

式中：$T_{v0} = T_{vz0} + T_{vn0}$；$\mu_{de} = \mu_{rv} r_v + \mu_{vL} \left(\dfrac{P_h}{2\pi}\right)$。

滚珠丝杠螺母与丝杠间隙函数为:

$$B_{de1} = \begin{cases} 0, & \left| \dfrac{P_h}{2\pi}\theta_v + x_h - x_p \right| < B_{de} \\[3mm] \dfrac{P_h}{2\pi}\theta_v + x_h - x_p - B_{de}, & \dfrac{P_h}{2\pi}\theta_v + x_h - x_p \geqslant B_{de} \\[3mm] \dfrac{P_h}{2\pi}\theta_v + x_h - x_p + B_{de}, & \dfrac{P_h}{2\pi}\theta_v + x_h - x_p \leqslant -B_{de} \end{cases} \tag{5-42}$$

$$B_{de2} = \begin{cases} 0, & \left| \dfrac{P_h}{2\pi}\theta_v + x_h - x_p \right| < B_{de} \\[3mm] \dfrac{P_h}{2\pi}\dot{\theta}_v + \dot{x}_h - \dot{x}_p, & \left| \dfrac{P_h}{2\pi}\theta_v + x_h - x_p \right| \geqslant B_{de} \end{cases} \tag{5-43}$$

式中: $B_{de}$ 为螺母与丝杠的间隙,m。

### 5.1.3　负载模型

负载模型包括滚珠丝杠、碟簧组和闸瓦,认为行星架为刚性结构,减速器输出的功率由行星架传递给滚珠螺杆,且认为螺杆与行星架角位移一致。行星架的负载力矩为螺杆输出闸瓦制动力的驱动力矩:

$$T_{vL} = \left( \frac{P_h}{2\pi} \right) F_L \tag{5-44}$$

式中: $T_{vL}$ 为螺杆驱动力矩,N·m; $F_L$ 为螺母推力,N。

电机械盘式制动器的负载模型如图 5-6 所示,假设制动盘为刚性体,忽略轴承等零件的刚度变化,将闸瓦活塞结构简化为一个质量为 $m_p$、刚度为 $k_p$、阻尼为 $c_p$ 的构件。在忽略丝杠旋转和制动间隙的状态下,即闸瓦压紧制动盘时,振动微分方程为:

$$M\ddot{X} + C\dot{X} + KX = 0 \tag{5-45}$$

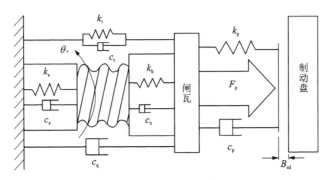

**图 5-6　制动器负载模型**

其中

$$M = \begin{pmatrix} m_h & 0 \\ 0 & m_p \end{pmatrix} \tag{5-46}$$

$$X = \begin{pmatrix} x_{\mathrm{h}} \\ x_{\mathrm{p}} \end{pmatrix} \qquad (5\text{-}47)$$

$$C = \begin{pmatrix} c_{\mathrm{s}}+c_{\mathrm{h}} & -c_{\mathrm{h}} \\ -c_{\mathrm{h}} & c_{\mathrm{t}}+c_{\mathrm{h}}+c_{\mathrm{p}}+c_{\mathrm{q}} \end{pmatrix} \qquad (5\text{-}48)$$

$$K = \begin{pmatrix} k_{\mathrm{s}}+k_{\mathrm{h}} & -k_{\mathrm{h}} \\ -k_{\mathrm{h}} & k_{\mathrm{t}}+k_{\mathrm{h}}+k_{\mathrm{p}} \end{pmatrix} \qquad (5\text{-}49)$$

在式(5-45)的基础上考虑螺杆旋转和消除制动间隙引起的位移,建立闸瓦压紧制动盘时负载模型的受力分析,如图 5-7 所示。

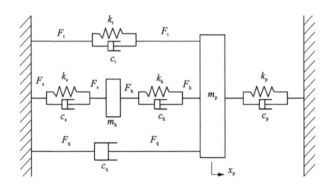

图 5-7　闸瓦压紧制动盘时负载模型的受力分析

根据图 5-7 所示的受力分析有:

$$F_{\mathrm{s}} = k_{\mathrm{s}} x_{\mathrm{h}} + c_{\mathrm{s}} \dot{x}_{\mathrm{h}} \qquad (5\text{-}50)$$

$$F_{\mathrm{h}} = k_{\mathrm{h}} \left( \frac{P_{\mathrm{h}}}{2\pi} \theta_{\mathrm{v}} + x_{\mathrm{h}} - x_{\mathrm{p}} \right) + c_{\mathrm{h}} \left( \frac{P_{\mathrm{h}}}{2\pi} \dot{\theta}_{\mathrm{v}} + \dot{x}_{\mathrm{h}} - \dot{x}_{\mathrm{p}} \right) \qquad (5\text{-}51)$$

$$F_{\mathrm{t}} = k_{\mathrm{t}} x_{\mathrm{p}} + c_{\mathrm{t}} \dot{x}_{\mathrm{p}} \qquad (5\text{-}52)$$

$$F_{\mathrm{q}} = c_{\mathrm{q}} \dot{x}_{\mathrm{p}} \qquad (5\text{-}53)$$

$$F_{\mathrm{p}} = k_{\mathrm{p}} (x_{\mathrm{p}} - B_{\mathrm{sd}}) + c_{\mathrm{p}} \dot{x}_{\mathrm{p}} \qquad (5\text{-}54)$$

通过对图 5-7 的分析,得出丝杠螺杆的动力学方程为:

$$m_{\mathrm{h}} \ddot{x}_{\mathrm{h}} + c_{\mathrm{s}} \dot{x}_{\mathrm{h}} - c_{\mathrm{h}} B_{\mathrm{de1}} + k_{\mathrm{s}} x_{\mathrm{h}} - k_{\mathrm{h}} B_{\mathrm{de2}} = 0 \qquad (5\text{-}55)$$

闸瓦的动力学方程为:

$$m_{\mathrm{p}} \ddot{x}_{\mathrm{p}} + (c_{\mathrm{t}}+c_{\mathrm{p}}+c_{\mathrm{q}}) \dot{x}_{\mathrm{p}} - c_{\mathrm{h}} B_{\mathrm{de1}} + (k_{\mathrm{t}}+k_{\mathrm{p}}) x_{\mathrm{p}} - k_{\mathrm{h}} B_{\mathrm{de2}} + k_{\mathrm{p}} B_{\mathrm{sd}} = 0 \qquad (5\text{-}56)$$

## 5.2　制动器开环响应特性分析

### 5.2.1　独立部件工作特性

1)电机

电机在制动器的工作中发挥了作用,按照工作需求让电机在启动、正转、反转和停止四种工作模式中切换和运行。充分了解电机的各种工作特性可以更好地控制电机输出正确的转矩，进而使制动器提供更好的制动效果。

永磁式直流力矩电机在使用中主要考虑转速-电压特性和堵转转矩-电压特性。对于选定的 160LYX03 型电机，认为 $L_a$、$R_a$、$K_e$、$K_T$ 为理想参数，在使用中不发生变化。根据上述公式在 Simulink 中编写对应程序，如图 5-8 所示。在考虑电机摩擦力对电机影响的前提下，绘制角速度-电压工作特性曲线，如图 5-9 所示，堵转转矩-电压特性曲线如图 5-10 所示。

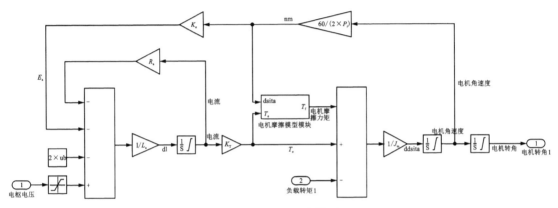

图 5-8　电机仿真模型

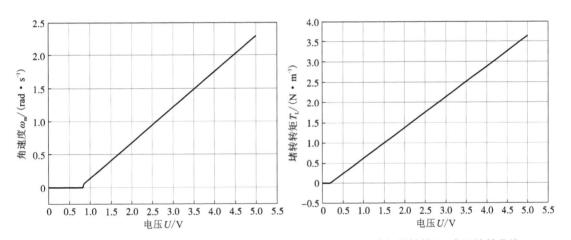

图 5-9　力矩电机角速度-电压特性曲线　　　图 5-10　电机堵转转矩-电压特性曲线

由图 5-9 可看出电机转速与电枢电压呈线性正比，符合上述公式表述的关系。根据此特性，在电机械制动处于消除制动间隙阶段时，较高的电压可以令电机拥有更快的转速，缩短空动时间，提高电机械制动响应速度。

根据上述分析，可认为力矩电机的电磁转矩与电磁线圈的电流呈线性相关，其斜率为转矩系数 $K_T$。电机堵转时转速为零，与转速相关的摩擦力矩均为零，并由图 5-10 可以看出，永磁式直流力矩电机的堵转转矩在与电流呈线性相关的同时，与电枢两端电压也呈线性相关。根据此特性，在制动器夹紧制动盘时，可以通过控制电枢电压实现对制动器夹紧力的精确控制，进而控制制动力矩，获得更好的制动效果。

2）减速器

行星齿轮减速器是主要的减速增扭机构，对其工作特性的分析与建模有助于计算滚珠丝杠副中螺杆的转速和转矩输入。了解行星齿轮减速器的工作特性，对减速器进行精确建模，可以提高控制模型计算的准确度，使得制动器解析模型获得更加精确的数据，对制动器的控制器设计具有重要意义。

对行星齿轮减速器工作特性的分析主要集中在转速和转矩的传递上，即太阳轮输入的转速、转矩和行星架输出的转速、转矩之间的关系。根据行星减速器的理论分析，在 Simulink 中编写对应程序并计算输出，绘制太阳轮转速和行星架转速的阶跃响应曲线，如图 5-11 所示，绘制太阳轮输入转矩和行星架负载转矩阶跃响应曲线，如图 5-12 所示。

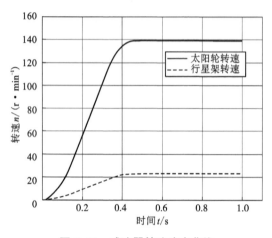

图 5-11　减速器转速响应曲线　　　　图 5-12　行星轮负载转矩响应曲线

行星减速器模型转速和转矩的仿真响应曲线表明，通过动力学理论建立的数学模型减速比为 6，与结构设计一致，验证了行星减速器数学模型建立的正确性。

## 5.2.2　模型简化

建立的电机械制动执行器动力学模型为高阶模型，考虑了行星齿轮机构的 8 个自由度以及齿轮转轴滚动摩擦力矩、啮合齿轮齿间摩擦、齿间间隙对齿轮传动的影响，考虑了滚珠丝杠副的摩擦、螺杆的弹性变形、活塞与壳体的摩擦阻尼等非线性因素的影响。该高阶模型考虑因素多，能够从多方面表述电机械制动器的动力学特性，然而在考虑众多因素时会伴有缺陷。首先，多个自由度的加入使得理论方程求解复杂，运行 Simulink 程序时，计算速度慢，耗时长；其次，高阶模型包含零部件众多，所需参数多，部分参数难以确定，识别困难，在计算精度上事倍功半。由于高阶模型存在上述缺陷，对模型进行简化和修正就显得尤为重要。

行星齿轮减速器可简化为固定传动比，太阳轮与电机转子连接，接受电机转子的高转速低转矩。行星架与滚珠丝杠结构的螺杆连接，输出驱动滚珠螺杆的低转速高转矩，其转角满足：

$$\theta_{\mathrm{v}} = \frac{\theta_{\mathrm{a}}}{i_{AX}^{B}} \tag{5-57}$$

在上述负载模型分析中，使用二自由度的弹簧阻尼系统对滚珠丝杠结构和活塞闸瓦结构进行建模，将其视为质量集中的弹性体，分析其轴向相对运动。滚珠丝杠副运动转换的数学关系可简化为：

$$x_{\mathrm{p}} = \frac{P_{\mathrm{h}}}{2\pi}\theta_{\mathrm{v}} \tag{5-58}$$

在动力学分析中，将制动器活塞和闸瓦组合结构的刚度默认为恒定值，由上述公式可以看出，闸瓦正压力 $F_{\mathrm{p}}$ 与螺母位移呈线性关系，然而在实际的制动过程中，组合体的刚度并不是一成不变的。在实际使用中，刚度会随着变形量的增加而变大，且变形量与刚度呈非线性关系，因此，上述动力学分析存在一定不足。为更加精确地计算制动正压力，忽略温度和磨损对制动器的影响，将通过试验探究制动力与闸瓦位移的关系式，并使用试验得出的关系式作为简化模型的一部分。

对摩擦特性的简化建模是影响整体模型精度的关键环节，由于制动器在工作过程中的大部分时间处于低转速高负载状态，在建立减速器和负载机构简化后的摩擦模型时，在考虑传统摩擦的基础上加入负载对摩擦特性的影响。结合四种常见的摩擦模型，对减速器和负载机构简化摩擦模型的建模，使用引入负载影响的修正版静摩擦+库仑+黏滞+负载模型。图 5-13 展示了修正后的摩擦模型，式(5-59)表述了摩擦力矩与各参数的数学关系。

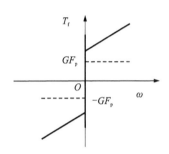

图 5-13　电机械制动执行器摩擦模型

$$T_{\mathrm{f}} = \begin{cases} (T_{\mathrm{k}} + GF_{\mathrm{p}})\,\mathrm{sgn}\,\omega + C\omega, & \omega \neq 0 \\ T_{\mathrm{e}}, & \omega = 0 \ \& \ |T_{\mathrm{e}}| < T_{\mathrm{s}} \\ (T_{\mathrm{s}} + GF_{\mathrm{p}})\,T_{\mathrm{s}}\,\mathrm{sgn}\,\omega, & \omega = 0 \ \& \ |T_{\mathrm{e}}| \geqslant T_{\mathrm{s}} \end{cases} \tag{5-59}$$

式中：$G$ 为载荷系数，$\mathrm{N/m^2}$；$F_{\mathrm{p}}$ 为制动器正压力，N。

## 5.2.3　制动器开环响应仿真

根据简化的模型重新建立电机械制动执行器仿真程序，对力矩电机输入电压阶跃信号，通过程序计算观察模型简化系统的响应。

在堵转时，螺母推力变化是影响制动力的主要因素，稳定螺母推力能够产生稳定的制动力。对螺母推力做开环响应测试：初始条件为电机堵转，电枢零电压；从 0 V 开始，每过 0.6 s 电压阶跃上升 2 V，上升至 8 V 后，每过 0.6 s 降低 2 V，至归零。观察整个过程螺母推力的变化，如图 5-14 所示。

仿真结果表明螺母推力跟随电压变化非常迅速，且在电压有一定干扰的情况下，仍能保持较稳定的力值输出。此现象验证了通过控制电机电压控制制动力的可行性，后续将设计控制器精确控制电机输入，以达到控制电机械制动力的目的。

制动间隙是主要控制目标之一，其开环响应反映了闸瓦受电压控制时位移的稳定性和灵敏度。分别将电压设置为 13 V、13.5 V、14 V，图 5-15 展示了闸瓦受电机驱动压缩碟簧产生制动间隙时的响应。

图 5-15 中，电压的变化对制动间隙的稳态值影响较大，说明在控制制动间隙时对电压精度要求较高。制动间隙前期对电压的响应速度较快，然而由于间隙的增加，碟簧弹力迅速增加，闸瓦移动阻力变大，速度变慢。此现象对间隙控制器设计可提供一种参考，即前期输入大电压以尽快使制动间隙达到目标值，之后控制电压减小至维持制动间隙稳定即可，碟簧弹力的存在可以抑制前期高电压时的间隙超调量。

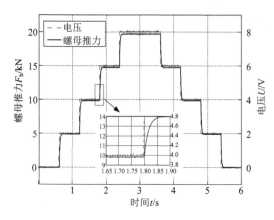

图 5-14　螺母推力响应仿真图

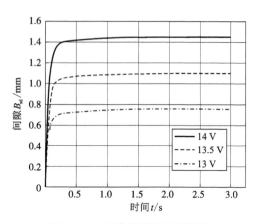

图 5-15　制动间隙响应仿真图

## 5.3　多柔体系统动力学理论分析

为研究制动器的制动性能，本研究采用两个电机械制动器夹紧一个制动盘的结构以模拟矿井提升机制动工况，将建立的电机械制动器三维模型导入 ADAMS 中，利用 ANSYS15.0 经典版界面建立了制动盘与闸瓦的 Mnf 模态中性文件，实现了制动盘和闸瓦由刚体到柔性体的转换，完成了电机械制动器刚柔耦合动力学模型的搭建；通过控制变量法仿真分析了电机械制动器制动性能，研究了制动正压力、制动初速度以及摩擦因数对制动性能的影响，结合仿真结果和我国《煤矿安全规程》规定，对制动器整体结构设计的合理性进行验证。

### 5.3.1　多体系统动力学

多体系统动力学是研究多体系统运动规律的一门学科，主要包括多刚体和多柔体系统。多刚体系统常处于速度较低状态，在研究规律时可不考虑构件间弹性变形对机构动态特性的影响[77]；多柔体系统动力学常处于高速运动状态并伴随出现大范围运动与弹性变形耦合，研究规律时必须考虑构件的弹性变形[78]。动力学分析核心问题是建模和求解，从多体系统几何和物理模型出发，建立动力学的数学模型，采用求解器中特定的运动学、动力学算法对模型进行迭代求解,如图5-16所示。

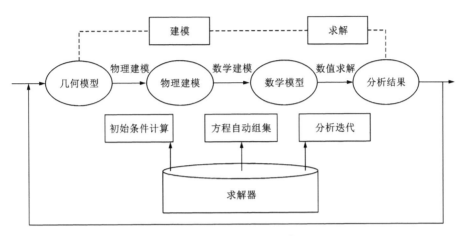

图 5-16　多体系统动力学建模流程图

## 5.3.2　多柔体动力学数学建模

在仿真软件 ADAMS 里,主要包括的载荷有:单点力与扭矩、分布式载荷以及残余载荷[79]。

1)单点力与扭矩

柔性体上某点所受到的单点力与扭矩要想发挥作用,需投影到系统的广义坐标系并以矩阵形式表示,假设该点为 $E$ 点,则:

$$\boldsymbol{F}_E = \begin{bmatrix} f_x & f_y & f_z \end{bmatrix}^{\mathrm{T}}, \quad \boldsymbol{T}_E = \begin{bmatrix} t_x & t_y & t_z \end{bmatrix}^{\mathrm{T}} \tag{5-60}$$

广义力 $Q$ 由广义平动力、扭矩和广义模态共同组成,具体表示如下:

$$\boldsymbol{Q} = \begin{bmatrix} Q_{\mathrm{T}} & Q_{\mathrm{R}} & Q_{\mathrm{M}} \end{bmatrix}^{\mathrm{T}} \tag{5-61}$$

式中:$Q_{\mathrm{T}} = \boldsymbol{A}\boldsymbol{F}_E$,$\boldsymbol{A}$ 为标记点 $E$ 的欧拉角变换矩阵,可表示为 $\boldsymbol{A}_{GK} = \boldsymbol{A}_{GB}\boldsymbol{A}_{BP}\boldsymbol{A}_{PK}$,如图5-17所示,$\boldsymbol{A}_{GB}$ 为方向余弦阵,$\boldsymbol{A}_{BP}$ 为转换矩阵,$\boldsymbol{A}_{PK}$ 为常值变换矩阵。

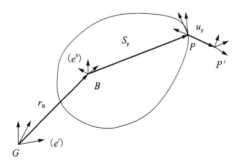

图 5-17　柔性体变形

假设在 $E$ 点施加力 $\boldsymbol{F}_E$ 和力矩 $\boldsymbol{T}_E$，经由全局坐标系转换得：

$$\boldsymbol{F}_I = \boldsymbol{A}_{GE}\boldsymbol{F}_E, \quad \boldsymbol{T}_I = \boldsymbol{A}_{GE}\boldsymbol{T}_E \tag{5-62}$$

分别将 $\boldsymbol{F}_I$、$\boldsymbol{T}_I$ 投影至平动模态坐标和角模态坐标上，得到广义模态力为：

$$\boldsymbol{Q}_F = \boldsymbol{\Phi}_P^T\boldsymbol{F}_I + \boldsymbol{\Phi}_P^{*T}\boldsymbol{T}_I \tag{5-63}$$

式中：$\boldsymbol{\Phi}_P^T$ 为节点 $P$ 的平动模态斜方阵；$\boldsymbol{\Phi}_P^{*T}$ 为转动自由度的模态斜方阵。

2）分布式载荷

分布式载荷利用 ADAMS 中的 Mforce 来创建，利用模态矩阵 $\boldsymbol{\Phi}$ 将 FEM 软件中的运动方程转换到模态坐标下，则：

$$\boldsymbol{\Phi}^T M\boldsymbol{\Phi}\ddot{q} + \boldsymbol{\Phi}^T K\boldsymbol{\Phi}q = \boldsymbol{\Phi}^T F \tag{5-64}$$

可简化为：

$$\hat{\boldsymbol{M}}\ddot{q} + \hat{\boldsymbol{K}}q = f \tag{5-65}$$

式中：$\hat{\boldsymbol{M}}$ 为广义质量；$\hat{\boldsymbol{K}}$ 为刚度矩阵；$f$ 为模态载荷量。

通过节点力矢量在模态坐标系上的投影可得到载荷为：

$$\boldsymbol{F} = \frac{f}{\boldsymbol{\Phi}^T} \tag{5-66}$$

3）残余载荷

残余载荷即不能够进行投影的力，可以认为已投影到了被截断的高阶模态坐标上，可表示为：

$$\Delta\boldsymbol{F} = \boldsymbol{F} - [\boldsymbol{\Phi}^T]^{-1}f \tag{5-67}$$

## 5.4 电机械制动器动力学仿真模型搭建

### 5.4.1 刚柔耦合柔性体选定

对于刚柔耦合模型来说，合理分配构件，是提高计算精度的先决条件[80]。在整个制动器制动过程中，影响制动器性能的主要因素在于制动盘与闸瓦之间正压力和摩擦面贴合情况。因此在动力学模型中，将制动盘和闸瓦设置为柔性体，其余为刚性体，以准确模拟制动器实际制动状态和提高仿真精度。

柔性体是由模态构成的，要得到柔性体必须计算出构件模态，此外，电机械制动器试验台也需要判断制动盘与闸瓦之间是否产生共振，从而对动态情况下电机械制动器性能试验造成影响。根据前述章节可知，将缩比后的制动盘三维模型导入有限元分析软件中。对制动盘进行模态分析，得到前十六阶模态频率及部分模态振型，如图 5-18 所示，制动盘在第四阶时未发生明显变形，而闸瓦已发生明显变形，与此同时制动盘与闸瓦在第四、八、十二阶的振型大小相差较大，两者最大变形均发生在边缘处。

由图 5-19 可知，制动盘与闸瓦的前十六阶振动频率存在明显差异，说明所选取的制动盘与闸瓦材料合理，两者不会产生共振，对试验台试验不会产生影响。

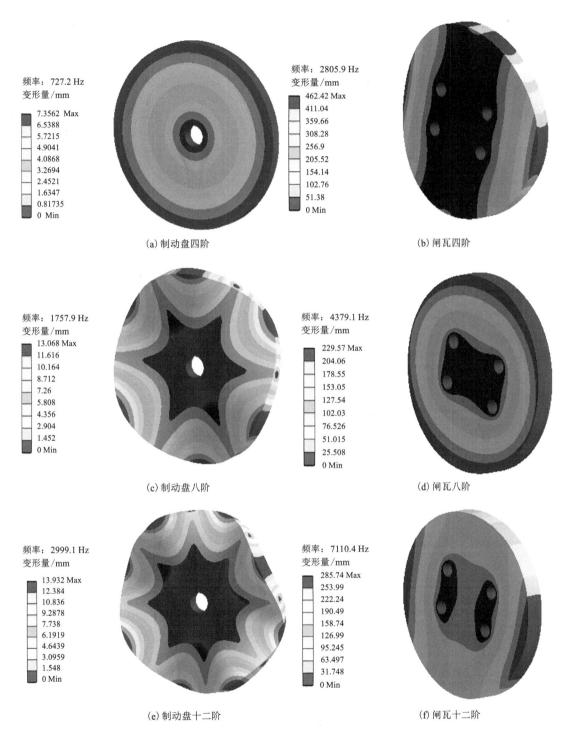

频率：727.2 Hz
变形量/mm

7.3562 Max
6.5388
5.7215
4.9041
4.0868
3.2694
2.4521
1.6347
0.81735
0 Min

(a) 制动盘四阶

频率：2805.9 Hz
变形量/mm

462.42 Max
411.04
359.66
308.28
256.9
205.52
154.14
102.76
51.38
0 Min

(b) 闸瓦四阶

频率：1757.9 Hz
变形量/mm

13.068 Max
11.616
10.164
8.712
7.26
5.808
4.356
2.904
1.452
0 Min

(c) 制动盘八阶

频率：4379.1 Hz
变形量/mm

229.57 Max
204.06
178.55
153.05
127.54
102.03
76.526
51.015
25.508
0 Min

(d) 闸瓦八阶

频率：2999.1 Hz
变形量/mm

13.932 Max
12.384
10.836
9.2878
7.738
6.1919
4.6439
3.0959
1.548
0 Min

(e) 制动盘十二阶

频率：7110.4 Hz
变形量/mm

285.74 Max
253.99
222.24
190.49
158.74
126.99
95.245
63.497
31.748
0 Min

(f) 闸瓦十二阶

**图 5-18　制动盘与闸瓦部分振型图**

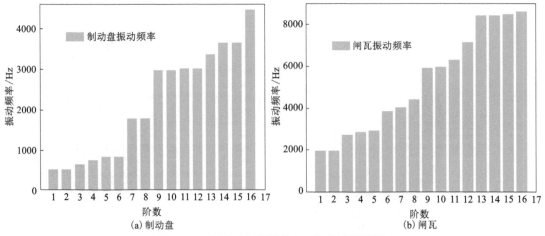

图 5-19　制动盘与闸瓦前十六阶振动频率图

## 5.4.2　中性文件的建立

1) Mnf 文件建立途径

Mnf 文件的建立有三种途径：离散柔性连接杆、ADAMS/View Flex 模块直接生成、ANSYS 软件输出。由表 5-2，对比分析不同柔性体建立方法的优缺点，最终采用有限元软件生成 Mnf 文件。

表 5-2　建立不同柔性体方法的优缺点对比

| 建立柔性体方法 | 优缺点 |
| --- | --- |
| 离散柔性梁连接 | 可模拟非线性变形，本质属于刚性构件 |
| ADAMS/View Flex 模块生成 | 可以直接创建柔性体，但精度稍低 |
| ANSYS 软件输出 | 计算精度高，可利用模态线性叠加模拟物体变形 |

2) Mnf 输出方法

ANSYS 输出 Mnf 文件可分为三种方法，即刚性区域法、蜘蛛网法、梁单元法，如表 5-3 所示。

表 5-3　建立 Mnf 文件方法的对比

| 方法 | 特点 | 备注 |
| --- | --- | --- |
| 刚性区域法 | 力作用于面上；采用 MASS21，接口点有 6 个自由度；可传递力矩载荷 | 推荐使用 |
| 蜘蛛网法 | 力作用于面上；梁单元提供 6 个自由度，可不采用 MASS21 单元；可传递力矩载荷 | 推荐使用 |
| 梁单元法 | 力施加在一个节点上；实体单元转动自由度为 0；力矩载荷传递精准性差 | 不推荐 |

由表 5-3 可知，刚性区域法与蜘蛛网法较为适合建立接口点，而目前广泛采用的是刚

性区域法，因此本书选用刚性区域法并通过 ANSYS 与 ADAMS 的双向数据接口处理柔性部件对机械系统的影响，基于精确动力学仿真得到了应力和应变分析结果。

3）输出 Mnf 文件

将建立好的制动盘、闸瓦三维模型导入至 Mechanical APDL 15.0 经典版中，并定义实体单元类型为 Brick 8 node185 单元和 3D MASS21 质量单元，定义制动盘(16Mn 钢)及闸瓦(WSM-3 石棉瓦)的材料属性，通过对制动盘及闸瓦的单元格划分，最终建立的制动盘与闸瓦刚性区域如图 5-20 所示。

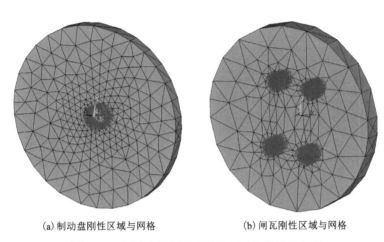

(a) 制动盘刚性区域与网格　　　　　　(b) 闸瓦刚性区域与网格

图 5-20　制动盘及闸瓦刚性区域及单元格划分图

利用 ANSYS 软件将构件离散成细小的网格进行模态计算，通过精确动力学仿真得到了应力和应变分析结果，并将计算结果保存成 Mnf 文件，通过 ANSYS 与 ADAMS 的双向数据接口，完成 Mnf 文件由 ANSYS 至 ADAMS 的输出，最终实现柔性体的建立。

## 5.4.3　动力学仿真模型搭建与校验

电机械制动器的刚柔耦合模型中包括刚性体和柔性体，为模拟电机械制动器在制动过程中的实际运动状况，需要建立刚性体与柔性体之间、刚性体与刚性体之间、柔性体与柔性体之间的约束和驱动关系，使各个构件联系起来形成一个完整的系统。依据矿井提升机制动原理，所设计的电机械制动器具有开闸和闭闸两种工作状态。开闸情况下电机转动，使得螺母压缩碟形弹簧，从而带动闸瓦与制动盘分离；闭闸情况下，电机断电，碟形弹簧的张力推动闸瓦贴向制动盘，实现制动。

1）添加约束与驱动

根据电机械制动器工作原理及各个零部件间的受力情况，在 ADAMS 中完成约束与驱动关系的添加。滚珠丝杠中的丝杠，在电机的带动下发生转动，使得通过螺柱连接成一体的螺母、滑块和闸瓦座实现了直线运动。将螺母、闸瓦座和滑块三者由固定副连接并将其命名为部件 A；制动器壳体、推力轴承、角接触轴承设置为大地。为提高仿真精度与效率，删除制动器内部碟形弹簧实体，采用拉压弹簧阻尼器代替碟形弹簧实体并设置弹簧力，按照本书中碟形弹簧自身的刚度和阻尼完成拉压弹簧阻尼器参数设置。在保证不影响仿真结果且提高仿真效率的情况下，完成了制动器中各个部件驱动副和驱动的设置，丝杠与部件 A 之间添加圆柱副，闸瓦与部件 A 之间添加固定副，制动盘与大地之间添加旋转副和扭矩力。

2）制动盘与闸瓦两柔性体间接触参数的设置

两物体接触时，接触力会产生于接触位置，补偿法和冲击函数法是 ADAMS 计算接触力的两种方式。补偿法确定惩罚系数及补偿系数的过程较为复杂，因此采用冲击函数法计算制动盘与闸瓦间的接触力，其表达式如下：

$$IMPACT = \begin{cases} Max\left[0,\ k\left(\begin{smallmatrix}x\\1\end{smallmatrix}-x\right)e - Step(x,\ x_1-d,\ c_{max},\ x_1,\ 0)\dot{x}\right], & x < x_1 \\ 0, & x \geqslant x_1 \end{cases} \quad (5-68)$$

式中：$x$ 为两对象之间的实际距离；$\dot{x}$ 为距离的一阶导数；$x_1$ 为接触力的触发距离；$k$ 为刚度系数；$e$ 为刚度指数；$c_{max}$ 为阻尼系数；$d$ 为阻尼完全作用距离。

其中，$Step(X,\ X_0,\ f_0,\ X_1,\ f_1)$ 函数的表达式为：

$$Step(X,\ X_0,\ f_0,\ X_1,\ f_1) = \begin{cases} f_0, & X \leqslant X_0 \\ f_0 + (f_1-f_0)\left(\dfrac{X-X_0}{X_1-X_0}\right)^2 \left[3-2\left(\dfrac{X-X_0}{X_1-X_0}\right)\right], & X_0 < X < X_1 \\ f_1, & X \geqslant X_1 \end{cases} \quad (5-69)$$

式中：$X$ 为独立变量；$X_0$ 为变量的初始值；$X_1$ 为变量的最终值；$f_0$ 为阶跃函数初始值；$f_1$ 为阶跃函数的最终值。

结合冲击函数公式（5-68）和式（5-69），设定制动盘与闸瓦两柔性体间的动摩擦因数为 0.35，静摩擦因数为 0.4。

3）模型校验

矿井提升机制动系统中制动器一般成对存在，为避免制动过程中出现偏移现象，影响提升机的整个制动效果和仿真的可靠性，这里采用两个电机械制动器夹紧制动盘的结构进行仿真。电机械制动器刚柔耦合整体仿真模型如图 5-21 所示。

为保证刚柔耦合动力学仿真的顺利进行，有必要对整体模型中的构件、运动副及参数进行校验，校验结果表明，整体模型各运动副及参数设置合理，符合运动学要求，可以进行仿真。

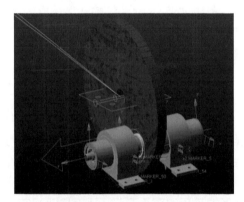

**图 5-21　电机械制动器刚柔耦合整体图**

## 5.5　电机械制动器动力学仿真分析

为了更好地对所设计的电机械制动器制动性能进行研究，需结合《煤矿安全规程》规定对盘式制动装置提出的要求，有针对性地对电机械制动器装置提出合适的规定。

（1）间隙消除时间：盘式制动装置不得超过0.3 s，径向制动装置不得超过0.5 s，文中所设计的电机械制动器是依据盘式制动装置原理进行设计的，因此电机械制动器的间隙消除时间理应小于0.3 s。

（2）盘式制动器闸瓦与制动盘之间的距离低于2 mm，由前述章节可知，所设计的电机械制动器的闸瓦与制动盘的间隙为1 mm。

（3）计算制动力矩时，闸瓦和制动盘间的摩擦因数一般取0.3~0.35，因此电机械制动器闸瓦与制动盘间摩擦因数取0.3~0.35。

提升机制动系统制动效果与制动力矩大小、制动间隙以及间隙消除时间息息相关，其中制动力矩又由制动正压力、接触面积、闸瓦和制动盘间的摩擦因数共同决定。为研究电机械制动器的制动性能，选用制动盘转动的初速度、制动正压力、摩擦因数作为评价参数，通过控制变量法结合矿井提升机制动原理以及电机械制动器结构特点，从影响制动器制动性能的几种不同参数出发，利用ADAMS软件开展制动器制动过程的仿真。

## 5.5.1　制动器响应性能分析

当提升机处于紧急工况时，为避免安全事故的发生，制动器需在短时间内迅速做出响应。制动器制动过程分为制动间隙消除和摩擦制动两部分。其中间隙的消除阶段属于无效制动，因此降低无效制动时间在整个制动时间中所占的比例，可有效提高制动的响应性能。为探讨电机械制动器的制动间隙消除时间能否符合要求，在软件中设置制动器的制动正压力为30 kN，闸瓦与制动盘间的摩擦因数为0.3，制动盘初始速度设为20 m/s，即转速设置为16 r/s＝5760°/s，此时制动盘的转动惯量仅为自身的转动惯量大小，参数设置完成后，对制动器开展紧急制动工况下的刚柔耦合动力学仿真，并对仿真结果进行滤波处理得到制动夹紧力响应，如图5-22所示。

由图5-22可知，制动器消除制动间隙的时间在0.1 s以内，符合矿井提升机盘式制动装置制动间隙消除时间不得超过0.3 s的要求；与此同时，闸瓦与制动盘接触后迅速产生大小为30 kN的制动夹紧力，然后趋于稳定。制动盘左侧制动正压力稳定在29.46 kN，与目标制动力的误差为1.8%，右侧制动正压力稳定在29.52 kN，与目标制动力的误差为1.6%，左右两侧制动正压力相差0.2%，两侧制动正压力大小基本一致，可达到前述章节设计的制动器最大制动力30 kN的要求。

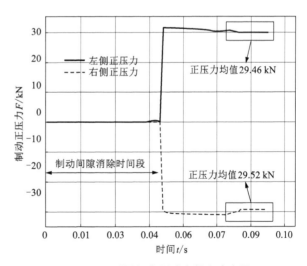

**图5-22　刚柔耦合制动夹紧力响应图**

由图5-23所示的刚柔耦合制动盘角速度及角减速度可知，在制动器向制动盘施加

30 kN 制动正压力的情况下，制动盘的角速度在 0.05 s 内一直处于 5760°/s，随即角速度由 5760°/s 降低至 0°/s，整个过程的持续时间为 0.04 s，在此过程中制动盘的角减速度为 $1.68 \times 10^5°/s^2$，最终实现制动。

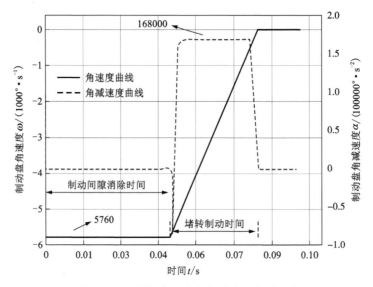

图 5-23 刚柔耦合制动盘角速度及角减速度

### 5.5.2 制动压力对制动性能的影响

制动正压力是影响制动性能的关键因素之一，制动力小则制动力矩势必会比较小，难以令矿井提升机在固定上升距离内实现停车。为研究所设计的电机械制动器制动正压力对制动性能的影响，设置制动盘转动速度为最大转速 5760°/s，在摩擦因数为 0.3 的情况下，设置六组不同大小的正压力，分别为 5 kN、10 kN、15 kN、20 kN、25 kN、30 kN，进行电机械制动器动力学仿真，分析不同制动正压力对制动性能的影响，从而判断制动器响应性能和制动性能的优劣。

得到的仿真结果如图 5-24 所示，在不同的制动正压力情况下，制动间隙的消除时间都保持在 0.1 s 内，而在目标制动正压力为 5 kN 时，较其他几组目标制动力，出现了一段明显的波动，说明制动正压力较小时难以刹住制动盘，所以才会出现波动的情况。当目标制动正压力为 5 kN 时，误差百分比为 2.14%；当目标制动正压力为 10 kN 时，误差百分比为 0.05%；当目标制动正压力为 15 kN 时，误差百分比为 0.04%；当目标制动正压力为 20 kN 时，误差百分比为 0.05%；当目标制动正压力为 25 kN 时，误差百分比为 0.01%；当目标制动正压力为 30 kN 时，误差百分比为 1.2%。六组目标制动力与仿真制动正压力的偏差均在 0.3% 以内，说明制动器产生制动正压力的能力是符合要求的。

如图 5-25 所示为不同制动正压力的情况下制动盘角速度的变化规律。制动盘在不同的制动正压力情况下均可实现制动，但存在一些区别，在 10 kN、20 kN、30 kN 的正压力下，制动盘在 0.1 s 内就可实现制动；在 5 kN、10 kN、15 kN 的正压力情况下，制动盘的制动时间超过了 0.1 s，由此可看出随着制动力的增大，所需的制动时间越短，响应时间越短，制动越高效。

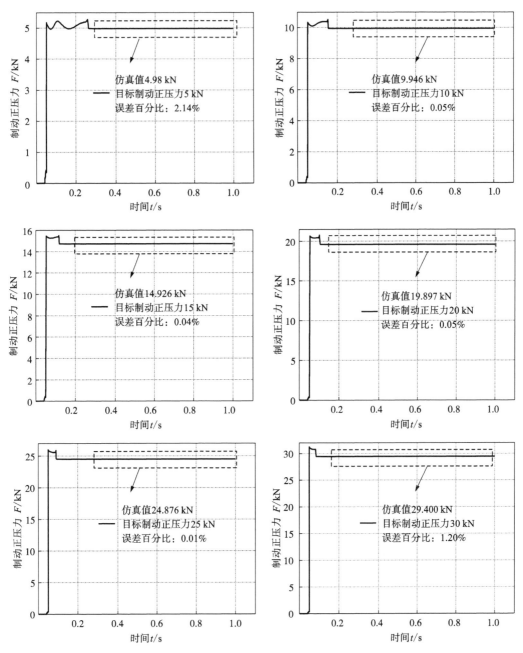

**图 5-24　刚柔耦合制动正压力响应曲线图**

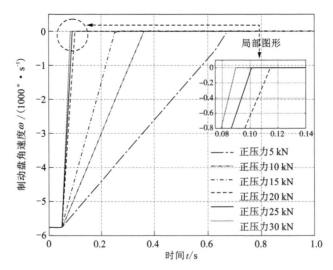

图 5-25　刚柔耦合角速度变化曲线图

### 5.5.3　制动初速度对制动性能的影响

　　制动盘的初始速度决定了制动完成时间的长短，制动过程中，制动间隙逐渐减小，直到闸瓦与制动盘互相接触。为研究不同制动初速度对制动器制动性能的影响，在摩擦因数为 0.3，制动正压力为 30 kN 的情况下，设定不同的制动盘速度，分别为 1440°/s、2880°/s、4320°/s、5760°/s，经过动力学仿真得到不同制动初速度制动器的制动性能图，如图 5-26 所示。

　　由图 5-26 可知，制动盘的转速 为 1440°/s、2880°/s、4320°/s、5760°/s 时，从局部视图中可以发现制动时间均在 0.1 s 内；随着制动盘的初速度增大，制动时间也会变久，角速度变化的斜率也趋近于平行，说明电机械制动器在以上 4 个转速的情况下所产生的制动力较为稳定，整体变化趋势符合制动器的整个制动过程。（与液压盘式制动器的制动性能相比，两者均可实现制动力的稳定输出，说明电机械制动器结构设计合理。）

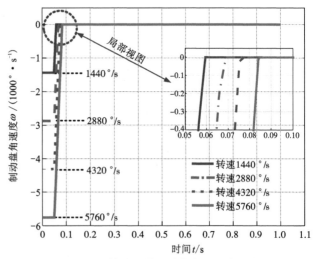

图 5-26　不同转速下的制动盘角速度变化曲线

### 5.5.4　摩擦因数对制动性能的影响

　　在矿井提升机制动过程中，闸瓦逐渐贴向制动盘进行摩擦制动，摩擦制动会引起摩擦副温度的增加，从而导致摩擦因数的改变，影响制动效果。为研究摩擦因数对制动性能的影响，在制动压力为 30 kN，制动盘的转动初速度为 16 r/s 情况下，设置值为 0.3、0.325、0.35 的不同大小的摩擦因数。在不同摩擦因数情况下，制动器的制动性能曲线图如图 5-27 所示。

由图 5-27 可知，在不同的摩擦因数情况下，制动盘的角减速度也不同，当摩擦因数为 0.3 时，角减速度为 63800°/s²；当摩擦因数为 0.325 时，角减速度为 71850°/s²；当摩擦因数为 0.35 时，角减速度为 82100°/s²。由此可知，在规定要求内，摩擦因数越大，制动时间越短。

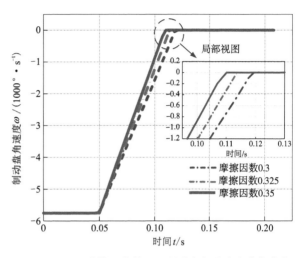

图 5-27　不同摩擦因数情况下制动盘角减速度变化曲线

## 5.6　本章小结

本章分析了力矩电机的驱动模型和摩擦特性、行星减速器的动力学模型、负载机构的动力学模型，介绍了各模型的建模过程，详细推导了各组件的动力学理论公式。在数学模型的基础上，利用 MATLAB/Simulink 环境，搭建了电机械制动系统执行器仿真模型，对制动器组成机构进行了仿真，分析了各部件的工作特性，验证了理论推导的正确性。由于建立的高阶模型自由度多、计算时间长，存在部分缺陷，因此在高阶模型的基础上作了简化处理。根据简化后的模型分析了螺母推力和制动间隙等响应特性，仿真结果验证了通过调整电机驱动电压控制制动力和制动间隙的可行性。同时，完成了整个电机械制动系统执行器的仿真模型搭建工作，为后续控制器设计和仿真测试奠定了基础。另外，基于多体动力学理论模型，完成了电机械制动器刚柔耦合模型的建立，通过仿真分析得出了制动器的响应性能：0.1 s 内可完成制动间隙的消除，且制动盘两侧的制动正压力相差 0.2%，与目标制动正压力 30 kN 左侧误差为 1.8%，右侧误差为 1.6%，整体制动时间约为 3.5 s，符合矿井提升机制动规定。

采用控制变量法分析了不同制动正压力、不同制动初速度和不同摩擦因数对制动性能的影响，结果如下。①不同制动正压力：制动力从 30 kN 至 5 kN 的过程中，制动时间逐渐拉长，说明了制动力越大，制动盘角减速度越大，制动时间越短。②不同制动初速度：在同一制动正压力 30 kN 的情况下，制动盘初速度由 5760°/s 至 1440°/s 的过程中，制动时间逐渐缩短，且制动时间均在 0.1 s 内，即当制动盘初速度越大，制动时间越久；制动过程中制动盘角减速度大小保持一致，符合电机械制动器制动性能。③不同摩擦因数：当摩擦因数越大时，制动效果越明显，所需制动时间越短。可见，电机械制动器的制动性能符合《煤矿安全规程》中要求制动间隙消除时间在 0.2 s 以内的规定，在制动器制动过程中，制动盘两侧制动正压力大小相差无几，具有较强的稳定性，电机械制动器结构设计合理。

# 第 6 章

# 电机械制动系统结构及可靠性分析

制动系统是整个矿井提升机重要的执行系统，进行制动系统可靠性研究对提高制动系统故障诊断效率、指导制动系统检测维修和提高矿井提升机可靠性等具有重要的实际意义。本章对矿井提升机电机械制动系统的主要组成部件和系统运行原理进行全面的描述，通过对电机械制动系统主要故障进行分析归纳，构建出制动系统故障树，为贝叶斯网络模型构建和分析奠定基础。

## 6.1 电机械制动系统故障分析

电机械制动系统在运行过程中因为受到外部工作环境和内部运转状态的影响，会出现制动系统内部设备摩擦磨损、腐蚀、疲劳破坏等现象，这些现象导致制动系统各个零件无法正常执行相应功能或工作不稳定，对矿井提升机的可靠性、安全性带来巨大的影响，因此对电机械制动系统进行可靠性分析非常有必要。本章根据电机械制动系统的组成，把电机械制动系统分为制动控制系统和基础制动系统两个子系统进行故障分析。本书只针对电机械制动系统的主要部件进行分析，其他零件如壳体、滑块、活塞等不予考虑。

### 6.1.1 基础制动系统故障分析

电机械制动系统中的基础制动系统通常也被称为电机械盘式制动器，它的主要功能是将电机的转矩传递给闸瓦，从而完成制动，电机械盘式制动器主要包括动力源、传动单元和执行单元。动力源提供动力；传动单元将电机的旋转运动转换为直线运动传递到执行单元；执行单元中闸瓦压缩碟形弹簧产生预紧力，最终产生制动正压力。

基础制动系统的主要故障集中于传动单元和执行单元。传动单元主要是由行星齿轮减速器和滚珠丝杠构成，传动单元的主要故障是行星减速器故障以及滚珠丝杠损坏。执行单元主要是由碟形弹簧、闸瓦、活塞和滑块构成，执行单元的主要故障是闸瓦磨损不均匀导致过度磨损，闸瓦与制动盘摩擦因数过小和碟形弹簧损坏。闸瓦过度磨损的主要原因是制动盘偏摆过大和制动器安装不正。制动过程中摩擦制动会使制动盘表面温度增加，频繁地进行制动工作，会使制动盘表面无法得到及时的降温处理，造成制动盘表面温度越来越高，甚至超过制动盘可承受温度，进而影响闸瓦与制动盘之间的摩擦力。除此之外，长时间的制动工作会使制动盘的表面沾染到不必要的油污从而减小摩擦力。碟形弹簧长时间使用会使其疲劳刚度变小，甚至出现碟形弹簧老化断裂的情况，这将会导致碟形弹簧损坏，无法正常工作。

### 6.1.2　制动控制系统故障分析

制动控制系统是电机械制动系统的核心，它的主要功能是将传感器采集到的信号转化传递到 PLC，经过 PLC 内部算法对信号进行处理，产生电子控制指令控制电机的转速和输出力矩。电机械制动控制系统主要由 PLC、AD 模块、DA 模块、可调电源、位移传感器、压力传感器和编码器等组成。

制动控制系统中 PLC 的主要作用是将传感器采集到的信号进行计算处理得到力矩电机所需的电压，将电压信号传递出去。因此，PLC 主要的故障是 PLC 存储卡故障和 PLC 硬件故障。

电机制动时需要采集设备实时采集的制动正压力和制动间隙等参数。采集设备主要是由多个传感器组成，所以采集设备主要的故障是各个传感器故障。传感器出现故障就不能获得参数计算出电机所需电压，导致制动系统无法正常执行作业。输出设备主要故障是电机控制器故障和电机故障。PLC 的控制指令通过输出设备控制电机转速和转矩，进而控制制动正压力。输出设备由可调电源和力矩电机构成，可调电源接收控制指令，然后为力矩电机提供制动所需电压，从而改变活塞推力调节制动力，实现安全制动。

## 6.2　故障树基本理论

### 6.2.1　故障树定义和符号

故障树主要是用来研究系统故障事件之间逻辑关系的树状图形，利用从上到下的顺序逐步进行分析，确定导致顶事件发生的所有故障事件，将无法继续向下分析故障原因的事件当作底事件。表 6-1 和表 6-2 展示了故障事件和逻辑符号的主要含义与符号形状。

表 6-1　故障树事件符号表

| 符号名称 | 内涵 | 符号 |
| --- | --- | --- |
| 底事件 | 故障树中无法继续分析故障原因的事件 | ○ |
| 中间事件 | 故障树中处于顶事件和底事件中间的事件 | □ |

续表6-1

| 符号名称 | 内涵 | 符号 |
|---|---|---|
| 顶事件 | 分析对象中最不愿意发生的事件, 位于故障树的顶端 | 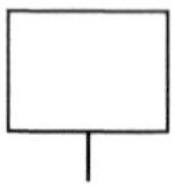 |
| 菱形事件 | 没必要或不能向下继续挖掘故障原因的事件 |  |

表6-2　故障树逻辑符号表

| 符号名称 | 内涵 | 符号 |
|---|---|---|
| 与门 | 表示仅当对应的输入事件一起同时发生时引起输出事件发生的逻辑关系 | 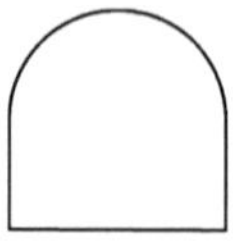 |
| 或门 | 表示全部的输入事件中任何事件发生都会导致对应的输出事件发生的逻辑关系 |  |
| 表决门 | 表示 $z$ 个输入事件中有 $m$ 个及 $m$ 个以上的事件发生时才能引起输出事件发生的逻辑关系 |  $z/m$ |
| 异或门 | 表示全部输入事件中有且只有一个发生就会导致对应的输出事件发生的逻辑关系 |  |

## 6.2.2　故障树模型的建立

正确地建立故障树模型是后文使用贝叶斯网络进行可靠性分析的关键步骤, 故障树是否完善关系到贝叶斯网络模型的准确性, 因此故障树模型的建立步骤要非常严谨。

故障树建立按照下面步骤进行:

步骤1: 分析研究系统, 判明系统正常和故障状态以及相应的事件。

步骤2: 将最不想发生的事件作为顶事件。

步骤3: 根据对系统的故障分析确定直接造成顶事件发生的中间事件。

步骤4: 确认顶事件和中间事件之间的因果联系并使用相应的逻辑符号连接。

步骤5: 对确定的中间事件重复上述步骤, 直到最后的事件无法分析故障原因, 将该事件作为底事件。

故障树的具体结构和建立流程如图 6-1 和图 6-2 所示。

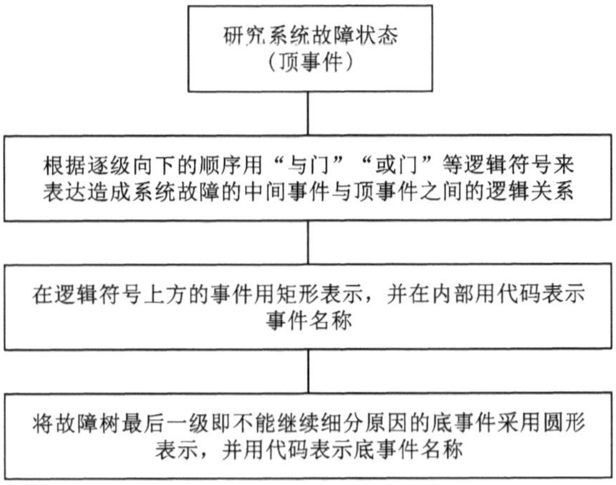

```
        ┌─────────────────────┐
        │   研究系统故障状态      │
        │     （顶事件）         │
        └─────────────────────┘
                 │
┌──────────────────────────────────────────┐
│ 根据逐级向下的顺序用"与门""或门"等逻辑符号来 │
│ 表达造成系统故障的中间事件与顶事件之间的逻辑关系 │
└──────────────────────────────────────────┘
                 │
┌──────────────────────────────────────────┐
│  在逻辑符号上方的事件用矩形表示，并在内部用代码表示 │
│              事件名称                        │
└──────────────────────────────────────────┘
                 │
┌──────────────────────────────────────────┐
│ 将故障树最后一级即不能继续细分原因的底事件采用圆形 │
│         表示，并用代码表示底事件名称           │
└──────────────────────────────────────────┘
```

**图 6-1　故障树具体结构**

```
┌──────────┐    ┌──────────┐    ┌──────────┐    ┌──────────┐    ┌──────────┐
│ 系统分析   │ ⇒ │ 确定顶事件 │ ⇒ │ 合理确定   │ ⇒ │ 确定逻辑   │ ⇒ │ 建立故障树 │
│ 判明故障   │    │          │    │ 边界条件   │    │ 关系      │    │          │
└──────────┘    └──────────┘    └──────────┘    └──────────┘    └──────────┘
```

**图 6-2　故障树建立流程**

# 6.3　电机械制动系统故障树模型搭建

## 6.3.1　基础制动系统故障树模型

结合基础制动系统故障分析和故障树建立规则，建立基础制动系统故障树模型的过程如下：

（1）确定基础制动系统故障，作为顶事件。

（2）基础制动系统主要是由传动单元和执行单元两个子系统组成。这两个系统中任一个发生故障，基础制动系统就会受到影响无法正常运行。所以按照以上说法，基础制动系统可以看成由传动单元和执行单元串联构成。因此把基础系统故障作为顶事件，传动单元故障和执行单元故障作为顶事件下一级中间事件，初步建立基础制动系统故障树。

（3）传动单元故障的主要原因是行星减速器故障以及滚珠丝杠损坏，这两个事件中任一个出现就会导致传动单元出现故障。传动单元故障可以视为由行星减速器故障以及滚珠丝杠损坏两个子系统串联在一起构成，即以传动单元故障作为顶事件，行星减速器故障以及滚珠丝杠损坏作为下一级底事件。执行单元故障的主要原因是闸瓦磨损、碟形弹簧损坏和闸瓦摩擦因数过小，这三个事件中任一个出现就会导致执行单元出现故障。执行单元故障可以视为由闸瓦磨损、碟形弹簧损坏和闸瓦摩擦因数过小三个子系统串联在一起构成，即以执行单元故障作为顶事件，闸瓦磨损、闸瓦摩擦因数过小和碟形弹簧损坏作为下一级中间事件。

（4）闸瓦磨损事件出现的原因是制动盘偏摆过大和制动器安装不正，这两个事件中任一个出现就会导致闸瓦磨损，所以闸瓦磨损可以视为由制动盘偏摆过大和制动器安装不正两个子系统串联在一起构成，即以闸瓦磨损作为顶事件，制动盘偏摆过大和制动器安装不正作为底事件；闸瓦摩擦因数过小、碟形弹簧损坏原理同上。

（5）综合上述 4 步即得到基础制动系统故障树模型，如图 6-3 所示。

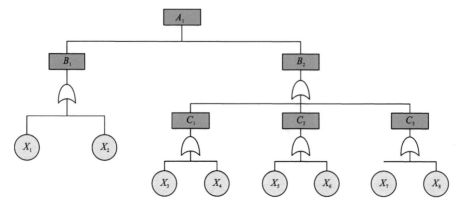

$A_1$—基础制动系统故障；$B_1$—传动单元故障；$B_2$—执行单元故障；$C_1$—闸瓦摩擦因数过小；$C_2$—闸瓦磨损过多；$C_3$—碟形弹簧失效；$X_1$—滚珠丝杠损坏；$X_2$—行星齿轮减速器故障；$X_3$—闸盘过热；$X_4$—闸盘污染；$X_5$—制动盘偏摆过大；$X_6$—制动器安装不正；$X_7$—弹簧疲劳；$X_8$—弹簧断裂。

**图 6-3 基础制动系统故障树模型**

## 6.3.2 制动控制系统故障树模型

制动控制系统故障树模型构造的主要步骤同上节步骤类似，即控制系统故障作为顶事件，采集设备故障、PLC 控制器故障、输出设备故障作为中间事件，电机控制器故障、电机故障、PLC 存储卡故障、PLC 硬件故障、位移传感器故障、压力传感器故障、光电编码器故障组成模型的底事件。根据故障树模型构建规则，制动控制系统故障树如图 6-4 所示。

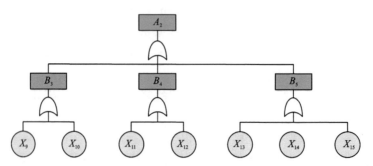

$A_2$—控制系统故障；$B_3$—输出设备故障；$B_4$—PLC 控制器故障；$B_5$—采集设备故障；$X_9$—电机控制器故障；$X_{10}$—电机故障；$X_{11}$—PLC 存储卡故障；$X_{12}$—PLC 硬件故障；$X_{13}$—位移传感器故障；$X_{14}$—压力传感器故障；$X_{15}$—光电编码器故障。

**图 6-4 制动控制系统故障树模型**

### 6.3.3  电机械制动系统故障树模型构建

电机械制动系统主要包含基础制动系统和制动控制系统两个子系统，如果这两个系统中任一个发生故障，电机械制动系统也会受到影响而出现故障，因此结合上述两节构建的基础制动系统和制动控制系统故障树建立顶事件为 $T$ 的电机械制动系统故障树。电机械制动系统故障树模型如图 6-5 所示。

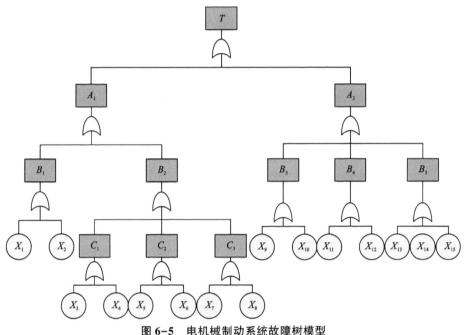

图 6-5  电机械制动系统故障树模型

# 6.4  贝叶斯网络理论

### 6.4.1  理论基础

1）贝叶斯网络描述

贝叶斯网络是以网络式的图形结合故障事件之间概率关系完成可靠性推理的方法，结合概率论与图论方法分析研究系统故障信息和数据，从而构建出系统贝叶斯网络模型，使用节点代替目标中存在的不确定事件，并利用节点之间的有向连接边和条件概率表代替事件之间的逻辑联系。根据建立的模型可以进行因果推理与诊断推理，不仅能够正向推理出系统叶节点可靠度，而且可以反向诊断出叶节点状态确定的情况下根节点的后验概率，从而找到系统的薄弱环节。

贝叶斯网络实际上是一个有向无循环的模型，可以通过一个二元组 $BN(D, P)$ 表达。这个二元组中 $D$ 代表贝叶斯网络中的有向无环图，能够通过新的二元组 $D(N, T)$ 对贝叶斯网络进行定性表达。贝叶斯网络中有关节点名称、含义如表 6-3 所示。

表 6-3　节点含义

| 概念 | 含义 |
| --- | --- |
| 父节点 | 两个节点通过有向边连接，有向边无箭头处对应的节点是父节点 |
| 子节点 | 两个节点通过有向边连接，有向边有箭头处对应的节点是子节点 |
| 根节点 | 没有父节点的节点称为根节点 |
| 叶节点 | 没有子节点的节点称为叶节点 |
| 中间节点 | 既不是叶节点也不是根节点的节点称为中间节点 |

图 6-6 是一个简单的贝叶斯网络，由节点 $A1$、$A2$、$T$ 和两条有向边构成，且各个节点拥有两种状态"0"和"1"，"0"表示节点没有发生故障，"1"表示节点发生故障。图 6-6 中的条件概率遵从概率计算的定义和规则，在图中每个节点处于两个状态时对应的条件概率之和为 1。

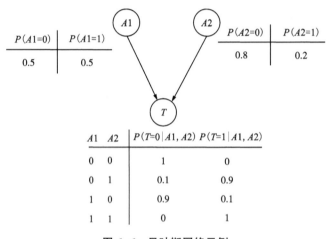

图 6-6　贝叶斯网络示例

例如：

$$P(T=1|A1=0, A2=1)=0.9$$

代表着当父节点 $A1$ 不出现故障，父节点 $A2$ 出现故障时，此时子节点 $T$ 会出现故障的概率为 0.9。

又如：

$$P(T=0|A1=1, A2=1)=0$$

代表着当父节点 $A1$ 和 $A2$ 同时发生故障时，子节点 $T$ 不出现故障的概率为 0，意味着子节点一定会出现故障。

2）概率论基础

贝叶斯网络是以数学中常用的概率论作为基础并加入图论知识而得到的一种新理论，主要是用于处理在实际研究中遇到的不确定问题。具体相关知识如表 6-4 所示。

表 6-4　概率论基础知识概念表

| 名称 | 定义 |
| --- | --- |
| 条件概率 | 存在两个事件，其中一个事件发生并在此条件下另一个事件发生的概率 |
| 先验概率 | 根据有关领域的专家丰富的知识经验主观分析获得的概率，或者是利用收集到的历史资料和现有的存储数据计算获得的概率，在贝叶斯网络中表示根节点发生的可能性 |
| 后验概率 | 在经过查询、调研等流程获得新的附加信息后，通过相关方法修正先验概率得到的概率；在贝叶斯网络中也是表示根节点发生的可能性，但是表达的信息与先验概率相比更加实际和全面 |
| 贝叶斯公式 | 是以通过查询、调研等方法获得的附加信息为基础对先前的判定进行修正的方法 |
| 条件独立 | 在多个事件中，其中一个事件发生在此条件下，其余事件发生不会受到影响 |

（1）条件概率公式。

假设有两个事件 $A$ 和 $B$，每个事件的发生概率不等于 0，条件概率 $P(A\mid B)$ 对应公式为：

$$P(A\mid B)=\frac{P(AB)}{P(B)} \tag{6-1}$$

（2）贝叶斯公式。

假设 $X_1$，$X_2$，$X_3$，$\cdots$，$X_n$ 是彼此互斥的事件，且所有事件 $P(X_j)>0$，其中 $j=1$，2，3，$\cdots$，$n$，此时存在事件 $T$ 与 $X_1$，$X_2$，$X_3$，$\cdots$，$X_n$ 中的事件同时发生，则有贝叶斯公式为：

$$P(X_j\mid T)=\frac{P(X_j)P(T\mid X_j)}{\sum\limits_{i=1}^{n}P(X_i)P(T\mid X_i)} \tag{6-2}$$

（3）条件独立。

假设存在 $n$ 个事件分别为 $X_1$，$X_2$，$X_3$，$\cdots$，$X_n$，此时存在未知数 $k(1<k<n)$，任意的 $1\leqslant j_1<j_2<\cdots<j_k<\cdots\leqslant n$，符合如下等式：

$$P(X_{j1}X_{j2}\cdots X_{jn})=P(X_{j1})P(X_{j2})\cdots P(X_{jn}) \tag{6-3}$$

则可确定这 $n$ 个事件相互独立。

## 6.4.2　贝叶斯网络学习

贝叶斯网络学习实际就是利用专家经验、数据分析等方法确定研究目标的贝叶斯网络模型的过程。贝叶斯网络的学习主要分为结构学习和参数学习两种。这两种学习对比如表 6-5 所示。

表 6-5　贝叶斯网络两种学习对比

| 名称 | 结构学习 | 参数学习 |
| --- | --- | --- |
| 含义 | 构建表示各个节点之间相互依赖关系的有向无环图的过程 | 构建节点与对应的父节点之间逻辑关系的条件概率表的过程 |
| 性质 | 定性的过程 | 定量的过程 |
| 结果 | 有向无环图 | 条件概率表 |

将贝叶斯网络应用到可靠性分析中时，采用上述方法实现贝叶斯网络的结构学习和参数学习，有可能会受到数据获取困难或者数据采集不正确等因素的影响，从而无法得到准确的有向无环图和条件概率表。所以为了更准确、高效地构建贝叶斯网络模型，采用模型转换的方法将故障树模型转换为贝叶斯网络模型，具体方法将在后文进行详细描述。

### 6.4.3 贝叶斯网络的推理

贝叶斯网络的推理是指在网络模型建立完成和节点相关的概率数据都已得到的条件下，通过分析得到条件概率表，计算出各个节点对应发生概率的过程，可以分成以下三种方向的推理。

1）因果推理

因果推理是指根据研究对象出现故障的原因而推理出其造成的后果，这是按照从上到下的推理流程进行推理。本书在可靠性分析过程中所使用的因果推理，主要是依据父节点与相应子节点之间的逻辑关系，即利用父节点的先验概率推理出子节点的发生概率。

2）诊断推理

诊断推理是按照从下到上的流程进行推理，根据观察到的结果推理出其产生的原因，所以诊断推理也被称为致因推理。在本书的可靠性分析中所使用的诊断推理，主要用于在贝叶斯网络推理中计算出各个根节点的后验概率。

3）支持推理

支持推理主要是用来分析原因之间的相互影响。本书中电机械制动系统可靠性分析仅采用因果推理和诊断推理，因果推理使用的基本公式是全概率公式。假设事件 $X_1$，$X_2$，$\cdots$，$X_n$ 之间互不相容，且事件 $T$ 与 $X_1$，$X_2$，$\cdots$，$X_n$ 中的事件同时发生，则全概率公式为：

$$P(T) = \sum_{i=1}^{n} P(X_i) P(T \mid X_i) \tag{6-4}$$

诊断推理的基本原理公式采用的是上文中表达的贝叶斯公式。目前贝叶斯网络推理算法可以分为两大类。一类是精确推理算法，另一类是近似推理算法，具体定义和应用如表 6-6 所示。而在实际应用中因为处理对象的不同，所需要使用的算法也不相同，这两类算法也可以划分为更多的分类，如图 6-7 所示。

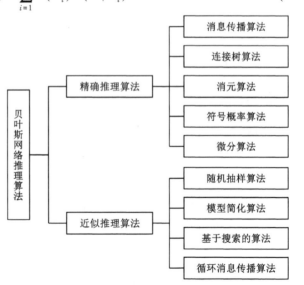

图 6-7 贝叶斯网络推理算法

表 6-6　贝叶斯网络算法比较

| 分类 | 定义 | 应用 |
| --- | --- | --- |
| 精确推理算法 | 精确的计算 | 适用于网络结构简单、节点数量少、节点之间关系清晰的贝叶斯网络 |
| 近似推理算法 | 近似的计算 | 适用于网络结构复杂、节点数量少、节点之间关系模糊的贝叶斯网络 |

### 6.4.4　贝叶斯网络优势

利用贝叶斯网络完成矿井提升机电机械制动系统可靠性分析,相比于故障树分析法的优势如下:

(1)构建模型时,故障树需要借助逻辑符号将各事件存在的联系表现出来,与其相比,只采用有向边的贝叶斯模型表达更加简洁。

(2)故障树分析法偏向于处理逻辑情况明确的研究对象,只考虑事件状态的二态性,很难处理逻辑关系不明确、需要考虑多态性的事件;而贝叶斯网络相比于故障树分析法,能够利用条件概率表来解决存在多态系统和不确定关系的实际案例。

(3)相比于只能计算事件发生概率的故障树分析法,贝叶斯网络既可以正向推理出系统的可靠性,也可以反向诊断出在叶节点状态确定的情况下根节点的后验概率,从而找到系统的薄弱环节。

(4)贝叶斯网络可以随着研究对象数据的更新和优化,而改变贝叶斯网络中的先验概率和模型结构,进一步提高分析结果的准确性和实时性。

## 6.5　故障树-贝叶斯网络的转化规则

故障树分析中模型的建立过程比较简单,能够直观地展示事件之间因果联系,但是很难确定某个设备对系统的可靠性影响情况。贝叶斯网络相比于故障树分析,不仅能够快速计算出系统的可靠度,还能反向推理出每个部件对于整个系统的重要性,但是在建立贝叶斯网络模型时,需要耗费较多的时间。因此,本书利用故障树分析中模型建立比较简单的优势,快速建立故障树模型,通过相关转换规则将其转换成贝叶斯网络模型,解决了模型构造复杂的问题;并且,可以通过贝叶斯网络精确的算法及推理能力去弥补故障树分析的不足之处,提高电机械制动系统分析结果的准确性和完善性。

提出故障树向贝叶斯网络转换的方法,具体转换步骤如下:

步骤 1:故障树中所有事件与贝叶斯网络中的节点一一对应。

步骤 2:故障树中的底事件发生概率对应贝叶斯网络根节点的先验概率。

步骤 3:故障树中事件之间的逻辑关系转换为条件概率表。

转换过程中符号的对应关系如图 6-8 所示。

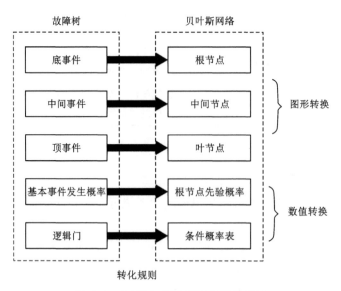

图 6-8　故障树-贝叶斯网络转化规则

　　逻辑门"与"门和"或"门的转换示例如图 6-9 所示，图 6-9(a)中的故障树是由底事件 $A$、$B$ 和顶事件 $C$ 构成，其中底事件 $A$ 与 $B$ 并联；图 6-9(b)中底事件 $A$ 与 $B$ 串联。其中 0 和 1 分别表示节点正常和故障状态。

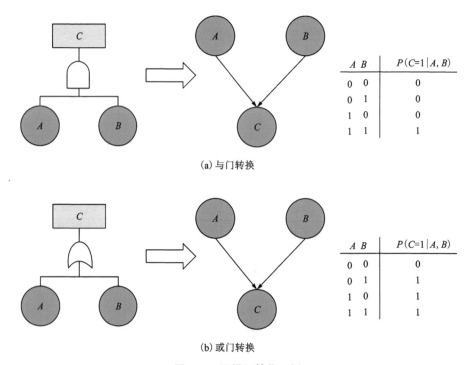

(a) 与门转换

(b) 或门转换

图 6-9　逻辑门转化示例

## 6.6 电机械制动系统贝叶斯网络建模

结合上文电机械制动系统故障模式分析，建立电机械制动系统故障树，使用前述提到的方法将电机械制动系统故障树模型转化为贝叶斯网络模型。

电机械制动系统采用摩擦制动原理，制动系统以 PLC 为控制器、力矩电机为动力源，制动时通过调整力矩电机的输入电压控制电机正转，释放碟形弹簧，实现提升机制动。

基础制动系统故障树模型中顶事件是 $A_1$，中间事件主要是 $B_1 \sim B_2$、$C_1 \sim C_3$，而底事件主要有 $X_1 \sim X_8$，逻辑门都是或门。根据前述提到的转化规则，得到基础制动系统贝叶斯网络模型如图 6-10 所示。

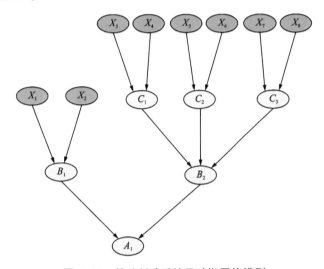

图 6-10　基础制动系统贝叶斯网络模型

同理可得，制动控制系统的故障树模型中 $A_2$ 作为顶事件，$B_3 \sim B_5$ 作为中间事件，$X_9 \sim X_{15}$ 作为底事件，逻辑门都是或门。转换得到制动控制系统贝叶斯网络模型如图 6-11 所示。

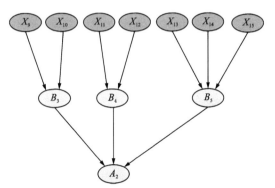

图 6-11　制动控制系统贝叶斯网络模型

矿井提升机电机械制动系统由基础制动系统和制动控制系统串联组成，转化得到的矿井提升机电机械制动系统贝叶斯网络模型如图 6-12 所示。其中各节点对应的含义如表 6-7 所示。

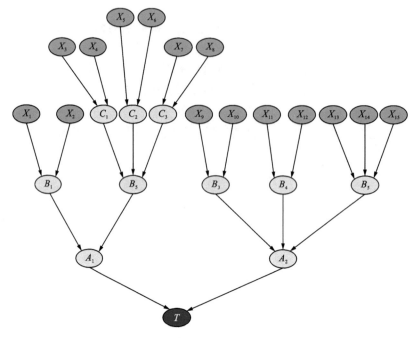

**图 6-12 电机械制动系统贝叶斯网络模型**

**表 6-7 贝叶斯网络模型节点含义**

| 节点符号 | 节点名称 | 节点符号 | 节点名称 |
| --- | --- | --- | --- |
| $T$ | 制动系统故障 | $X_3$ | 闸盘过热 |
| $A_1$ | 基础制动系统故障 | $X_4$ | 闸盘污染 |
| $A_2$ | 控制系统故障 | $X_5$ | 制动盘偏摆过大 |
| $B_1$ | 传动单元故障 | $X_6$ | 制动器安装不正 |
| $B_2$ | 执行单元故障 | $X_7$ | 弹簧疲劳 |
| $B_3$ | 输出设备故障 | $X_8$ | 弹簧断裂 |
| $B_4$ | PLC 控制器故障 | $X_9$ | 电机控制器故障 |
| $B_5$ | 采集设备故障 | $X_{10}$ | 电机故障 |
| $C_1$ | 闸瓦摩擦因数过小 | $X_{11}$ | PLC 存储卡故障 |
| $C_2$ | 闸瓦磨损过多 | $X_{12}$ | PLC 硬件故障 |
| $C_3$ | 碟形弹簧失效 | $X_{13}$ | 位移传感器故障 |
| $X_1$ | 滚珠丝杠损坏 | $X_{14}$ | 压力传感器故障 |
| $X_2$ | 行星齿轮减速器故障 | $X_{15}$ | 光电编码器故障 |

## 6.7  贝叶斯网络赋值

### 6.7.1  先验概率获取

根据前述的赋值规则可知，根节点状态为故障时的先验概率值由故障树模型底事件发生确定。通过厂商提供的相关设备数据及由理论资料收集到的数据，得到各根节点的先验概率如表 6-8 所示。

表 6-8  根节点的先验概率

| 节点 | 名称 | $P(X=0)$ | $P(X=1)$ |
|------|------|----------|----------|
| $X_1$ | 滚珠丝杠损坏 | 0.9898 | $1.02 \times 10^{-2}$ |
| $X_2$ | 行星齿轮减速器故障 | 0.999999695 | $3.05 \times 10^{-7}$ |
| $X_3$ | 闸盘过热 | 0.9999299 | $7.01 \times 10^{-5}$ |
| $X_4$ | 闸盘污染 | 0.999859 | $1.41 \times 10^{-4}$ |
| $X_5$ | 制动盘偏摆过大 | 0.99699 | $3.01 \times 10^{-3}$ |
| $X_6$ | 制动器安装不正 | 0.99197 | $8.03 \times 10^{-3}$ |
| $X_7$ | 弹簧疲劳 | 0.999899 | $1.01 \times 10^{-4}$ |
| $X_8$ | 弹簧断裂 | 0.9999796 | $2.04 \times 10^{-5}$ |
| $X_9$ | 电机控制器故障 | 0.99999851 | $1.49 \times 10^{-6}$ |
| $X_{10}$ | 电机故障 | 0.99999873 | $1.27 \times 10^{-6}$ |
| $X_{11}$ | PLC 存储卡故障 | 0.999274 | $7.26 \times 10^{-4}$ |
| $X_{12}$ | PLC 硬件故障 | 0.999989 | $1.10 \times 10^{-5}$ |
| $X_{13}$ | 位移传感器故障 | 0.999999592 | $4.08 \times 10^{-7}$ |
| $X_{14}$ | 压力传感器故障 | 0.999999366 | $6.34 \times 10^{-7}$ |
| $X_{15}$ | 光电编码器故障 | 0.999999299 | $7.01 \times 10^{-7}$ |

### 6.7.2  条件概率表获取

现实生活中，部件或系统实际上存在多种状态，比如正常运行、轻微故障和完全故障等状态。但是状态划分越多，数据获取难度越大，考虑到数据获取的问题，本书默认电机械制动系统为二状态系统，即电机械制动系统只考虑故障状态和正常状态两种状态，根据逻辑门的转化规则得出节点的条件概率表，如表 6-9 所示为节点 $B_1$ 对应的条件概率表。

表 6-9 节点 $B_1$ 的条件概率表

| $X_1$ | $X_2$ | $P(B_1=1 \mid X_1, X_2)$ | $P(B_1=0 \mid X_1, X_2)$ |
|-------|-------|--------------------------|--------------------------|
| 0 | 0 | 0 | 1 |
| 0 | 1 | 1 | 0 |
| 1 | 0 | 1 | 0 |
| 1 | 1 | 1 | 0 |

## 6.8 电机械制动系统贝叶斯网络推理

### 6.8.1 电机械制动系统因果推理

贝叶斯网络中叶节点对应事件发生时的概率大小是判断电机械制动系统可靠性的重要依据。根据前述内容可推算出根节点的子节点(即最基本的中间节点)发生概率,再向下一级中间节点进行推理,最终求出叶节点的发生概率。

根据已经推理出的 $A_1$、$A_2$ 计算出叶节点的发生概率。

$$P(T=1) = \sum_{A_1, A_2, T} P(T=1 \mid A_1, A_2) \sum P(A_1) P(A_2)$$
$$= P(T=1 \mid A_1=0, A_2=0) P(A_1=0) P(A_2=0) +$$
$$P(T=1 \mid A_1=0, A_2=1) P(A_1=0) P(A_2=1) +$$
$$P(T=1 \mid A_1=1, A_2=0) P(A_1=1) P(A_2=0) +$$
$$P(T=1 \mid A_1=1, A_2=1) P(A_1=1) P(A_2=1)$$
$$= 2.19 \times 10^{-2}$$

由计算结果可以确定叶节点的发生概率偏高,需要在设计阶段对该系统结构进行优化设计,进一步提升电机械制动系统可靠性;在使用阶段要增加对系统薄弱环节的检查和维护次数,减少电机械制动系统故障导致提升机事故发生的次数。

### 6.8.2 电机械制动系统故障诊断

电机械制动系统基于贝叶斯网络模型进行反向推理时,计算过程复杂,需要大量的计算,如果单纯依靠人工计算,不仅会降低效率,而且在烦琐的计算过程中非常容易出现计算失误。因此本书为了提高效率和结果准确度,选择使用 MATLAB 的 BNT 工具箱进行推理计算。

首先,在 MATLAB 软件环境下,利用 BNT 编写语言创建电机械制动系统的贝叶斯网络仿真模型,如图 6-13 所示。

其次,在进行下一步推理语言编写之前,将建立的仿真模型与先前转换得到的矿井提升机电机械制动系统贝叶斯网络模型进行对比检查,经过检查确定仿真模型建立无误,开

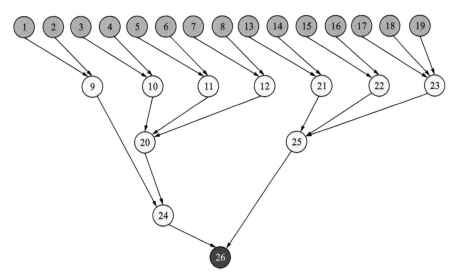

图 6-13　贝叶斯网络仿真模型

始进行下一步推理算法的语言编写, 对各节点进行赋值, 定义各节点的概率。

最后, 基于建立的贝叶斯网络仿真模型, 调用连接树引擎, 添加证据, 计算出各根节点的后验概率。详细程序如下:

engine = jtree_inf_engine(bnet); %确定推理引擎

evidence = cell(1, N);

evidence{T} = 1; %添加证据

[engine, loglik] = enter_evidence(engine, evidence);

m = marginal_nodes(engine, $X_1$); %计算事件 $X_1$ 的后验概率

m.T(1)%; 输出结果

ans =

0.456

同理, 可以推理得到其余根节点的后验概率, 如表 6-10 所示。为了更直接地观察各根节点对应的后验概率之间的排序关系, 绘制的折线图如图 6-14 所示。

表 6-10　系统故障时各根节点后验概率

| 根事件 | 后验概率 | 根事件 | 后验概率 |
|---|---|---|---|
| $X_1$ | $4.56 \times 10^{-1}$ | $X_9$ | $6.80 \times 10^{-5}$ |
| $X_2$ | $1.39 \times 10^{-5}$ | $X_{10}$ | $5.80 \times 10^{-5}$ |
| $X_3$ | $3.20 \times 10^{-3}$ | $X_{11}$ | $3.32 \times 10^{-2}$ |
| $X_4$ | $6.39 \times 10^{-3}$ | $X_{12}$ | $5.04 \times 10^{-4}$ |

续表6-10

| 根事件 | 后验概率 | 根事件 | 后验概率 |
|--------|----------|--------|----------|
| $X_5$ | $1.39\times10^{-1}$ | $X_{13}$ | $1.86\times10^{-5}$ |
| $X_6$ | $3.65\times10^{-1}$ | $X_{14}$ | $2.90\times10^{-5}$ |
| $X_7$ | $4.57\times10^{-3}$ | $X_{15}$ | $3.20\times10^{-5}$ |
| $X_8$ | $9.13\times10^{-4}$ | | |

由表6-10和图6-14可知，当矿井提升机电机械制动系统出现故障及叶节点$T=1$时，计算得到的各根节点后验概率由大到小的排序为：$X_1>X_6>X_5>X_{11}>X_4>X_7>X_3>X_8>X_{12}>X_9>X_{10}>X_{15}>X_{14}>X_{13}>X_2$。由以上排序结果得到，排名靠前的根节点$X_1$（滚珠丝杠损坏）、$X_5$（制动盘偏摆过大）、$X_6$（制动器安装不正）的数值相对于其他节点较大，表明滚珠丝杠、制动盘、制动器为电机械制动系统的薄弱部件。

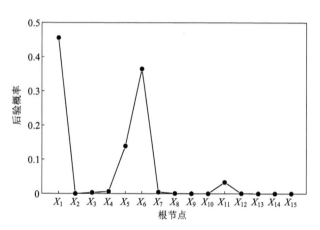

图6-14　根节点后验概率

在系统故障时，可以优先检查这三个部件是否出现问题，能够减少排除错误的工作量，提高工作效率。在系统维护时，应该重点关注这三个部件，提高这三个部件的检查保养次数。

## 6.9　贝叶斯网络根节点重要度计算

在系统优化方面，研究人员可以根据重要度计算结果确定对整个系统影响最大的部件，从而针对该部件进行改进设计，优化整个系统的可靠性；在系统维护方面，工作人员可以根据各根节点重要度计算结果确定需要重点维护的部件，提高维护资源利用率。其中，概率重要度表示基本事件节点的状态产生变化时致使整个系统产生变化的程度大小，使用$I_{X_i}^{Pr}$表示，计算公式如下：

$$I_{X_i}^{Pr}=P(T=1\mid X_i=1)-P(T=1\mid X_i=0) \tag{6-5}$$

关键重要度表示根节点事件概率的相对变化率引起整个系统故障概率的变化率大小，使用$I_{X_i}^{Cr}$表示，计算公式如下：

$$I_{X_i}^{Cr}=\frac{P(X_i=1)(P(T=1\mid X_i=1)-P(T=1\mid X_i=0))}{P(T=1)} \tag{6-6}$$

式中：$T$ 为贝叶斯网络叶节点，$T=1$ 代表叶节点事件发生；$X_i$ 为贝叶斯网络根节点，$i=1$，2，3，$\cdots$，15，$X_i=0$ 代表根节点事件未发生，$X_i=1$ 代表根节点事件发生。

根据上节因果推理可以求得 $P(T=1\mid X_i=1)$，$P(T=1\mid X_i=0)$ 的值，并将其代入式 (6-5) 和式 (6-6) 得到电机械制动系统根节点的重要度大小，如表 6-11 所示。依据各根节点重要度绘制的折线图如图 6-15 所示。

表 6-11　各根节点重要度

| 根节点 | 概率重要度 | 关键重要度 |
|---|---|---|
| $X_1$ | 0.98797 | $4.51\times10^{-1}$ |
| $X_2$ | 0.97809 | $1.36\times10^{-5}$ |
| $X_3$ | 0.97813 | $3.13\times10^{-3}$ |
| $X_4$ | 0.97820 | $6.25\times10^{-3}$ |
| $X_5$ | 0.98103 | $1.36\times10^{-1}$ |
| $X_6$ | 0.98597 | $3.60\times10^{-1}$ |
| $X_7$ | 0.97816 | $4.47\times10^{-3}$ |
| $X_8$ | 0.97808 | $8.93\times10^{-4}$ |
| $X_9$ | 0.97806 | $6.65\times10^{-5}$ |
| $X_{10}$ | 0.97808 | $5.67\times10^{-5}$ |
| $X_{11}$ | 0.97878 | $3.25\times10^{-2}$ |
| $X_{12}$ | 0.97878 | $4.93\times10^{-4}$ |
| $X_{13}$ | 0.97807 | $1.82\times10^{-5}$ |
| $X_{14}$ | 0.97807 | $2.84\times10^{-5}$ |
| $X_{15}$ | 0.97807 | $3.13\times10^{-5}$ |

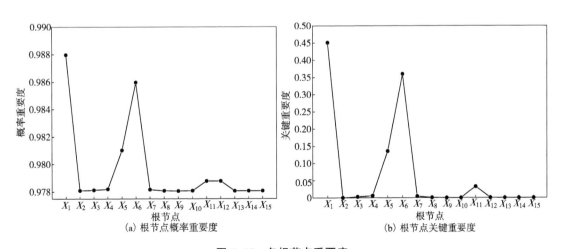

(a) 根节点概率重要度　　　(b) 根节点关键重要度

图 6-15　各根节点重要度

由表 6-11 和图 6-15 可知，矿井提升机电机械制动系统出现故障时，计算得到的各根节点概率重要度中 $X_1$（滚珠丝杠损坏）、$X_5$（制动盘偏摆过大）、$X_6$（制动器安装不正）、$X_{11}$（PLC 存储卡故障）、$X_{12}$（PLC 硬件故障）的数值较大；计算得到的各根节点关键重要度中，$X_1$（滚珠丝杠损坏）、$X_5$（制动盘偏摆过大）、$X_6$（制动器安装不正）、$X_{11}$（PLC 存储卡故障）的数值较大。

由上述可知，当电机械制动系统无法正常运转时，根节点 $X_1$（滚珠丝杠损坏）是电机械制动系统最薄弱环节，所以在电机械制动系统运行时就需要经常对滚珠丝杠进行检查以减小发生故障的概率；同时，需要对 $X_5$（制动盘偏摆过大）、$X_6$（制动器安装不正）加强重视。

## 6.10 电机械制动器可靠性实验

制动器可靠性能是满足提升机安全制动的关键环节，因此有必要对优化后的电机械制动器进行实验测试，研究制动系统可靠性能是否符合要求。为此，采用定量重复的方法，在确保电机输入电压为 5.0 V，制动盘转速为 180 r/min 的情况下，重复进行 100 次制动实验，不断重复制动和敞闸的步骤以采集每次实验的制动时间来探究制动系统的可靠性。在实验过程中，温度传感器实时显示制动盘温度一直处于室温，忽视制动盘温度对摩擦因数大小的影响。因为数据过多，选择第 1、10、20、30、40、50、60、70、80、90、100 次的制动实验进行分析，具体的实验数据如表 6-12 所示。

表 6-12 可靠性实验数据表

| 制动次数 | 电机电压/V | 制动盘转速/(r · min$^{-1}$) | 制动时间/s |
|---|---|---|---|
| 1 | 5.0 | 180 | 2.1 |
| 10 | 5.0 | 180 | 2.0 |
| 20 | 5.0 | 180 | 2.1 |
| 30 | 5.0 | 180 | 2.0 |
| 40 | 5.0 | 180 | 2.1 |
| 50 | 5.0 | 180 | 2.1 |
| 60 | 5.0 | 180 | 2.1 |
| 70 | 5.0 | 180 | 2.0 |
| 80 | 5.0 | 180 | 2.1 |
| 90 | 5.0 | 180 | 2.0 |
| 100 | 5.0 | 180 | 2.1 |

观察表 6-12 中的制动时间变化规律可知，随着制动次数的增加，制动时间一直在 2.0 s 和 2.1 s 这两个数值之间变化，考虑到实验室场合下仪器精度及设备质量等问题，实验结果出现小范围波动无法避免，故可以忽视这种小范围波动。因此，从表 6-12 中可以看出，随着制动次数的增加，制动时间几乎不变，电机械制动器在频繁的重复运行后制动效果依旧稳定，电机械制动器可靠性满足需求。为了更加清晰地观察闸盘转速和制动时间之间的关系，从这 11 组数据中取 6 组数据采用 Origin 将实验数据绘制成点线图，如图 6-16 所示。

由图 6-16 可知，这 6 组实验数据数值都比较接近，第 60 次制动的数据为 0~1 s，存在一定偏差，考虑到在实验过程中实验设备加工精度和质量的问题，实验偏差无法避免，所以转速偏差在可接受范围之内。通过分析可知，制动次数增加，

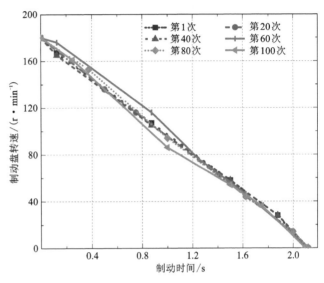

图 6-16　可靠性实验结果图

制动时间不变，且制动盘转速几乎处于恒减速状态。由此可知，优化后的电机械制动器制动效果稳定，其可靠性符合要求。

## 6.11　本章小结

本章着重分析矿井提升机电机械制动系统中的制动控制系统和基础制动系统两个子系统的故障模式及原因，在系统故障模式及原因分析的基础上建立基础制动系统、制动控制系统和电机械制动系统的故障树模型，并对贝叶斯网络主要涉及的理论进行详细阐述，通过对比分析的方法讲述贝叶斯网络方法相比起故障树的优势点，进而对故障树模型转化贝叶斯网络的方法进行了分析研究，详细说明了转化的过程，且基于构建的电机械制动系统故障树模型完成模型转化，开展了实验研究。在电机输入电压、制动盘转速恒定不变的情况下，重复进行 100 次制动实验，随着制动次数增加，制动时间不变，且制动盘转速几乎处于恒减速状态，优化后的电机械制动器制动效果稳定，可靠性良好。在制动盘转速不变、制动正压力变化时，制动正压力越大，制动减速越快，制动时间越短；制动正压力不变、制动盘转速变化时，制动盘转速越快，制动时间越长。

# 第 7 章

# 关键部件仿真分析与优化

电机械制动系统运行时，为保证制动过程的可靠性，需要对关键部件进行仿真分析，确保关键部件相关性能满足可靠性需求。滚珠丝杠作为电机械制动系统的主要力承载部件，也是电机械制动系统最薄弱环节，因此有必要对滚珠丝杠进行结构优化，从而提高制动系统整体的可靠性。通过 ANSYS nCode Design Life 软件对优化前后的滚珠丝杠进行仿真对比，确定最适合的滚珠丝杠型号。基于优化后的滚珠丝杠组成的电机械制动器开展性能试验研究，验证优化后的制动器的可靠性和制动性。

## 7.1 关键部件静力分析

在制动系统运行过程中，行星齿轮减速器和碟形弹簧作为制动系统关键功能部件，其主要功能是降速增矩和被动制动。在制动过程中，电机力矩通过减速器实现力矩增大满足制动要求，而碟形弹簧被压缩产生的预紧力提供制动所需的制动力。这两个部件都是电机械制动系统的重要结构部件，它们的强度和刚度直接影响电机械制动系统的制动性和安全性。

滚珠丝杠作为电机械制动系统最薄弱部件，是电机械制动系统关键承载部件。它会因为制动系统主要力矩和弹簧预紧力的作用而变形，从而对制动性和安全性产生重要的影响，因此必须要保证制动系统的滚珠丝杠强度和刚度满足要求。

### 7.1.1 行星齿轮减速器静力分析

1）行星齿轮减速器模型的导入和简化

采用 Solidworks 软件建立行星齿轮减速器三维模型并导入 ANSYS 软件中，为降低不必要的运算负载，需要适当地简化减速器模型。比如小的倒角、孔、螺纹等基本不会对减速器强度性能产生影响的特征，简化这些特征能提高计算效率和结果准确性，简化后的模型如图 7-1 所示。

图 7-1　行星齿轮减速器模型

2)定义行星齿轮减速器材料参数

根据设计要求,选用减速器零件材料参数如表 7-1 所示。

表 7-1  行星齿轮减速器零件材料参数

| 零件名称 | 材料 | 弹性模量/Pa | 泊松比 | 密度/(kg·m$^{-3}$) |
|---|---|---|---|---|
| 太阳轮 | 40Cr | $2.1×10^{11}$ | 0.277 | 7820 |
| 行星轮 | 40Cr | $2.1×10^{11}$ | 0.277 | 7820 |
| 内齿圈 | 42Cr | $2.1×10^{11}$ | 0.277 | 7820 |

3)网格划分

采用四面体网格划分的方法对减速器进行网格划分,针对齿轮之间接触面需要划分更细的网格。在齿轮接触部分选用单元尺寸为 0.2 mm 的网格划分,其余区域则选用 2 mm 单元尺寸进行网格划分。

4)定义边界条件

减速器模型导入 ANSYS 软件后,设置齿轮之间接触面的摩擦因数为 0.15。边界条件设置为内齿圈固定,太阳轮与行星轮施加转动约束,太阳轮施加大小为 25000 N·mm 的转动力矩。

5)结果分析

经求解,得到行星齿轮减速器应力和总变形分布云图,分别如图 7-2 和图 7-3 所示。从图 7-2 可以看出,行星齿轮减速器的最大应力承受部位在太阳轮齿根位置,最大应力为 180.61 MPa,远小于材料的屈服强度,满足强度需求。从图 7-3 可以看出,最大变形量约为 0.0064 mm,也小于材料许用变形量。因此行星齿轮减速器强度和刚度都满足要求。

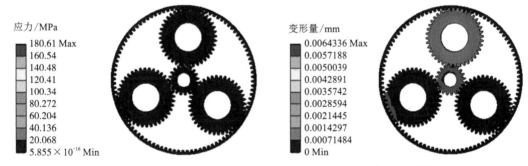

图 7-2  行星齿轮减速器应力分布云图        图 7-3  行星齿轮减速器总变形分布云图

## 7.1.2  碟形弹簧静力分析

1)碟形弹簧模型的导入和简化

在对碟形弹簧模型进行简化时,因为进行的是静力分析,且 6 片碟形弹簧采用对合组合方式安装，单片碟簧受力和整体组合碟簧受力相同，为了减少计算时间、提高求解效率，只进行一对碟簧的仿真分析。构建一对碟簧模型且倒角简化成直角，简化后的模型如图 7-4 所示。

2）定义碟形弹簧的材料参数

根据设计要求，碟形弹簧选用的零件材料参数如表 7-2 所示。

图 7-4　碟形弹簧模型

表 7-2　碟形弹簧零件材料参数

| 零件 | 材料 | 弹性模量/Pa | 泊松比 | 密度/(kg·m⁻³) |
|---|---|---|---|---|
| 碟形弹簧 | 60Si2MnA | $2.1\times10^{11}$ | 0.3 | 7900 |

3）网格划分

采用四面体网格划分的方法对碟形弹簧进行网格划分，碟簧之间接触面需要划分的网格选用单元尺寸为 1 mm，其余区域则选用 3 mm 单元尺寸进行网格划分。

4）定义边界条件

两片碟簧接触选择摩擦接触，摩擦因数设置为 0.15。对碟形弹簧自由度进行设置保留 $Y$ 轴自由度，约束 $X$、$Z$ 轴自由度。碟形弹簧在制动系统中处于压缩状态，制动时碟簧提供 30 kN 制动力，即碟簧本身受到 30 kN 的压缩力；开闸时，碟簧被进一步压缩，碟簧受到压缩力为 35 kN，故设置碟形弹簧承受载荷为 35 kN，作用在上碟簧，方向指向上碟簧，下碟簧施加固定约束。

5）结果分析

经仿真，得到碟形弹簧应力和总变形分布云图，分别如图 7-5 和图 7-6 所示。

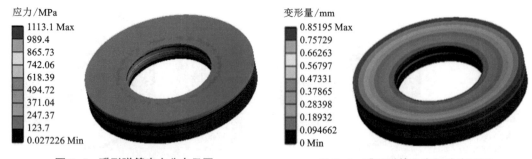

图 7-5　碟形弹簧应力分布云图
图 7-6　碟形弹簧总变形分布云图

从图 7-5 可以看出，碟形弹簧整体受力比较均匀，且最大应力为 1113.1 MPa，分布在碟形弹簧接触面位置，远小于材料的屈服强度，因此碟形弹簧的强度在安全范围内。从图 7-6 可以看出，最大变形量约为 0.85195 mm，位于受力碟簧面边缘部分，因为碟形弹簧受力会发生弹性形变，最大变形量没有超过碟簧允许的弹性形变。整体来说，碟形弹簧的强度、刚度满足设计需求。

### 7.1.3 滚珠丝杠静力分析

1)滚珠丝杠模型的导入和简化

采用 Solidworks 软件建立滚珠丝杠简
化模型,并将其导入 ANSYS 软件中,导入
模块。滚珠丝杠简化建模过程中,将倒角
用直角替代,且滚珠丝杠中存在的圆孔、螺
纹孔等特征都忽略不计,简化模型如图 7
-7 所示。

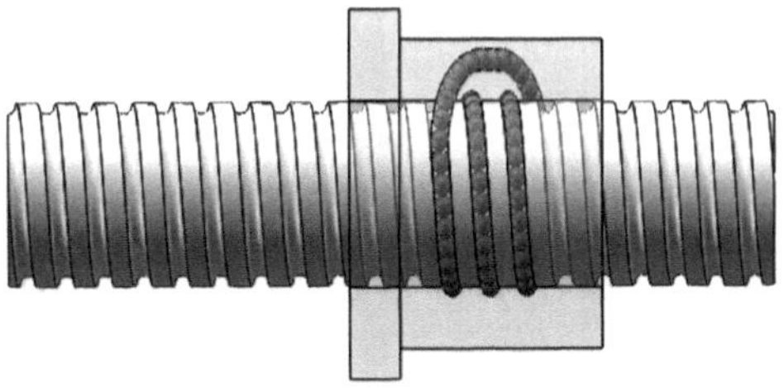

图 7-7  滚珠丝杠模型

2)定义滚珠丝杠的材料参数

模型导入后,需要对材料属性进行设置,根据设计要求,滚珠丝杠中的零件材料参数
如表 7-3 所示。

表 7-3  滚珠丝杠零件材料参数

| 零件名称 | 材料 | 弹性模量/Pa | 泊松比 | 密度/(kg·m⁻³) |
|---|---|---|---|---|
| 丝杠 | 高碳铬轴承钢 GCr15 | $2.07×10^{11}$ | 0.3 | 7820 |
| 螺母 | 高碳铬轴承钢 GCr15 | $2.07×10^{11}$ | 0.3 | 7820 |
| 滚珠 | 高碳铬轴承钢 GCr15 | $2.07×10^{11}$ | 0.3 | 7820 |

3)网格划分

采用四面体网格划分的方法,其中滚珠与螺母和丝杠接触面单元尺寸设置为 0.5 mm,
丝杠及其余部分单元尺寸为 3 mm。

4)定义边界条件

考虑结构运行需要克服摩擦,设置滚珠与丝杠和螺母之间为摩擦接触,摩擦因数设置
为 0.1。在丝杠表面施加固定约束,滚珠丝杠在运转过程中会受到碟形弹簧提供的 35 kN
预紧力,故设置螺母左端面施加 35 kN 的载荷力,方向指向螺母左端面丝。

5)结果分析

经求解,得到滚珠丝杠副的应力分布云图和总变形分布云图,分别如图 7-8 和图 7-9
所示。

从图 7-8 可以看出,滚珠丝杠整体受力比较均匀,最大应力为 577.14 MPa,位于滚珠
与螺母和丝杠接触的区域,远小于材料的屈服强度,且丝杠和螺母受力较小。从图 7-9 可
以看出,最大变形量约为 0.030158 mm,丝杠变形量较小。总的来说,滚珠丝杠的强度和
刚度符合设计需求。

图 7-8　滚珠丝杠应力分布云图

图 7-9　滚珠丝杠总变形分布云图

## 7.2　关键部件疲劳寿命分析

　　行星齿轮减速器、碟形弹簧和滚珠丝杠都是电机械制动系统运行的关键传动部件和承载部件。这些部件经过制动系统多次周期循环运转之后，在强度和刚度满足需求的条件下，其正常失效的形式主要是周期运转造成的疲劳破坏。作为电机械制动系统的关键部件，为了提高整体系统的可靠性，必须保证行星齿轮减速器、碟形弹簧和滚珠丝杠疲劳寿命满足设计需求。利用 ANSYS nCode Design Life 模块，对行星齿轮减速器、碟形弹簧和滚珠丝杠进行疲劳寿命分析。

### 7.2.1　行星齿轮减速器疲劳寿命分析

　　1）材料 $S$-$N$ 曲线

　　在 Ncode 软件中新建行星齿轮材料 40Cr，设置材料的相关性能参数，从而得到材料修正后的 $S$-$N$ 曲线，如图 7-10 所示。

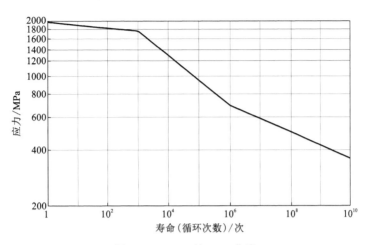

图 7-10　40Cr 的 S-N 曲线

2）疲劳分析

对行星齿轮减速器进行疲劳分析时，利用 nCode 软件搭建行星齿轮减速器的疲劳分析项目图，主要导入行星齿轮减速器的有限元分析结果、材料设置和行星齿轮减速器对应材料的 S-N 曲线，设置行星齿轮减速器疲劳寿命分析结果为输出模块，分析界面如图 7-11 所示。

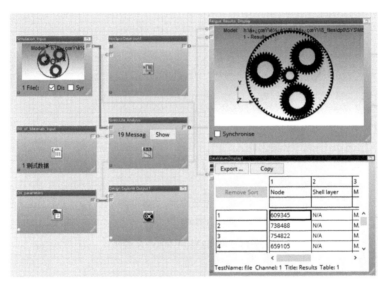

图 7-11　行星齿轮减速器疲劳分析界面

经过计算得到行星齿轮减速器疲劳寿命分析云图，如图 7-12 所示。从图 7-12 可以看出仿真结果中行星齿轮减速器疲劳寿命的最小值是 $1.111×10^9$ 次，根据机械疲劳理论，当材料所承受的应力循环次数达到 $1×10^7$ 次时，就认为它可以承受无限次应力循环。由此可知，行星齿轮减速器的疲劳寿命满足设计要求，因此根据仿真结果可以判定，行星齿轮减速器满足安全运行要求。

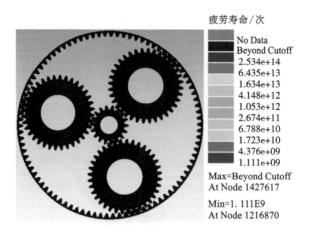

图 7-12　行星齿轮减速器疲劳寿命分布云图

## 7.2.2　碟形弹簧疲劳寿命分析

1）碟形弹簧材料的 $S-N$ 曲线

碟簧选用材料为 60Si2MnA，在 nCode 分析中，新建碟簧材料 60Si2MnA，在 Material Map 中输入材料的相关性能参数，最终得到修正后 60Si2MnA 的 $S-N$ 曲线，如图 7-13 所示。

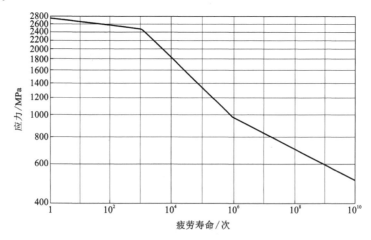

图 7-13　60Si2MnA 的 $S-N$ 曲线

2）疲劳分析

利用 nCode 软件搭建碟形弹簧的疲劳分析项目图时，主要导入碟形弹簧的有限元分析结果、材料设置和碟形弹簧对应材料的 $S-N$ 曲线，设置碟形弹簧疲劳寿命分析结果为输出模块，分析界面如图 7-14 所示。

通过仿真计算得到碟形弹簧的疲劳寿命分析云图，如图 7-15 所示。从图 7-15 中可以看出，碟形弹簧疲劳寿命的最小值是 $1.021 \times 10^7$ 次，材料所承受的应力循环次数达到 $1 \times 10^7$ 次。由此可知，碟形弹簧的疲劳寿命满足设计要求，因此可以判定，碟形弹簧满足安全运行要求。

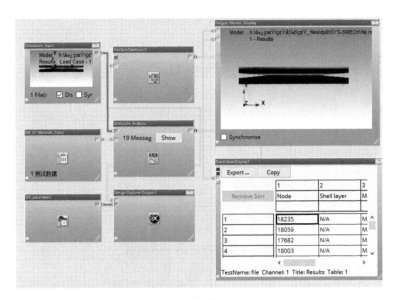

图 7-14 碟形弹簧疲劳分析界面

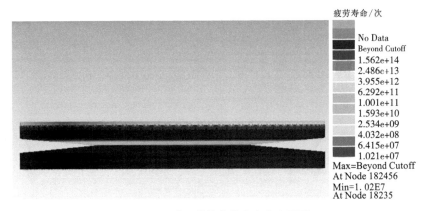

图 7-15 碟形弹簧疲劳寿命分布云图

## 7.2.3 滚珠丝杠疲劳寿命分析

1）滚珠丝杠材料的 $S$-$N$ 曲线

滚珠丝杠材料选用 GCr15，在 nCode 软件中新建滚珠丝杠材料 GCr15，在 Material Map 中输入材料的相关性能参数，最终得到 GCr15 对应的 $S$-$N$ 曲线，如图 7-16 所示。

2）疲劳分析

利用 nCode 软件搭建滚珠丝杠的疲劳分析项目图时，主要导入滚珠丝杠的有限元分析结果、材料设置和滚珠丝杠对应材料的 $S$-$N$ 曲线，设置滚珠丝杠疲劳寿命分析结果为输出模块，分析界面如图 7-17 所示。

通过仿真计算，得到滚珠丝杠的疲劳寿命分析云图，如图 7-18 所示。从图 7-18 能够看出，仿真结果显示滚珠丝杠疲劳寿命的最小值是 $2.773 \times 10^6$ 次，材料所承受的应力循环次数未达到 $1 \times 10^7$ 次。因此可以判定，滚珠丝杠在强度和刚度方面满足设计需求，但是在疲劳寿命方面，滚珠丝杠还需要进一步优化。

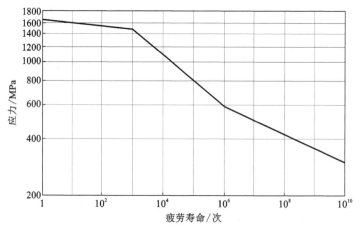

图 7-16　GCr15 的 $S$-$N$ 曲线

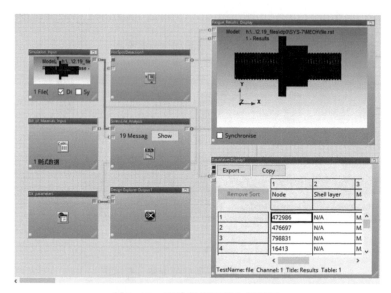

图 7-17　滚珠丝杠疲劳分析界面

图 7-18　滚珠丝杠疲劳寿命分布云图

## 7.3　滚珠丝杠优化设计分析

滚珠丝杠作为最薄弱部件和关键受力结构，主要承受碟形弹簧产生的周期循环力，应力集中部位会发生疲劳破坏，由仿真分析结果可以确定滚珠丝杠刚度和强度满足设计要求，但是滚珠丝杠的疲劳寿命需要进一步提高，可采用通过改变导程大小的方法提高滚珠丝杠疲劳寿命。这种方法可以使优化后的滚珠丝杠结构满足与其他部件的尺寸相配合，同时增加滚珠丝杠的最小疲劳寿命。

### 7.3.1　滚珠丝杠设计

滚珠丝杠作为制动系统关键承载部件，承受来自碟形弹簧的预紧力。在制动时，承受30 kN 的碟簧预紧力；在开闸阶段，承受 35 kN 预紧力。因此这里取滚珠丝杠承受最大预紧力作为当量载荷。

$$F_{m} = 35 \text{ kN} \tag{7-1}$$

根据制动间隙为 1 mm，制动时间不得低于 0.2 s 的设计要求，能够确定在制动时制动器最大移动速度 $v_{m-max} \geqslant 5$ mm/s，且丝杠的最大转速为 $N_{m-max} = 60$ r/min，由此可得丝杠的最小导程 $P$：

$$P = \frac{v_{m-max}}{N_{m-max}} = 5 \text{ mm} \tag{7-2}$$

在制动系统运行时，制动时间非常短，远小于开闸时间，所以丝杠的平均转速是远低于最大转速的，故取最大转速的三分之一作为滚珠丝杠的当量转速，即 $N_{m} = 20$ r/min。

滚珠丝杠选型设计阶段，首先需要确定最小额定动载荷的大小，以计算出的最小额定动载荷作为标准选用滚珠丝杠，基本计算公式为：

$$C_{a} = \sqrt[3]{60 \ N_{m}L_{h}} \cdot \frac{F_{m}f_{w}}{100f_{a}f_{c}} \tag{7-3}$$

式中：$L_{h}$ 为工作寿命；$f_{w}$ 为载荷系数；$f_{a}$ 为精度系数；$f_{c}$ 为可靠性系数。

查阅设计手册取 $L_{h}$ 为 1000，$f_{w}$ 为 1.3，$f_{a}$ 为 1，$f_{c}$ 为 1，代入式(7-3)可得：

$$C_{a} = \sqrt[3]{60 \ N_{m}L_{h}} \cdot \frac{F_{m}f_{w}}{100f_{a}f_{c}} = 48.35 \text{ kN} \tag{7-4}$$

为了使设计出的滚珠丝杠满足与制动器其余部件的装配需求，根据以上计算出的导程 $P \geqslant 5$ mm，额定动载荷 $C_{a} \geqslant 48.35$ kN 作为设计要求，通过查找手册，最终确定滚珠丝杠的型号为 SFU5010 和 SFU5020。

### 7.3.2　滚珠丝杠设计模型仿真分析

采用 Solidworks 软件建立滚珠丝杠简化模型，并将导入 ANSYS 软件中，完成静力分析和疲劳寿命分析。设计模型的结构参数如表 7-4 所示。

表 7-4　设计模型结构参数

| 设计型号 | 公称直径 $d$/mm | 导程 $P$/mm | 钢球直径 $D_b$/mm | 螺母外径 $D_1$/mm |
|---|---|---|---|---|
| SFU5010 | 50 | 10 | 6.350 | 75 |
| SFU5020 | 50 | 20 | 7.144 | 75 |

1）静力分析

滚珠丝杠的应力分布云图和总变形分布云图是研究滚珠丝杠强度和刚度的重要依据，图 7-19 和图 7-20 分别为两个型号的滚珠丝杠应力分布云图和总变形分布云图。

由图 7-19 和图 7-20 可以看出，两个型号的滚珠丝杠最大变形量分别约为 0.044 mm 和 0.039 mm，两个型号的滚珠丝杠的最大变形量几乎相近；两个型号的滚珠丝杠整体受力都比较均匀，最大应力都集中在滚珠与螺母和丝杠接触的区域，分别约为 220 MPa 和 249 MPa，型号为 SFU5010 的滚珠丝杠最大应力较小，但两者最大应力都远小于材料的屈服强度，且丝杠和螺母受力均较小。由此可知，两个型号的滚珠丝杠强度和刚度都符合要求。

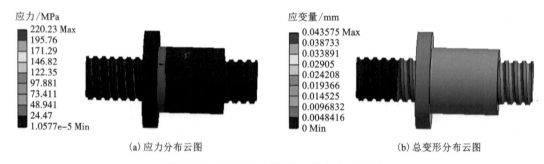

(a) 应力分布云图　　　　　　　　　　　　(b) 总变形分布云图

图 7-19　SFU5010 型号滚珠丝杠仿真云图

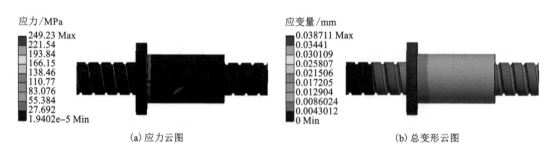

(a) 应力云图　　　　　　　　　　　　(b) 总变形云图

图 7-20　SFU5020 型号滚珠丝杠仿真云图

2）疲劳寿命分析

图 7-21 和图 7-22 分别为两个型号的滚珠丝杠的疲劳寿命分布云图。可以看出，两个型号的滚珠丝杠的疲劳寿命的最小值分别是 $3.675\times10^9$ 次和 $1.852\times10^8$ 次，两个型号的滚

珠丝杠所承受的应力循环次数都远高于 $1×10^7$ 次。由此可以判定，两个设计型号的滚珠丝杠对应的疲劳寿命都满足需求。

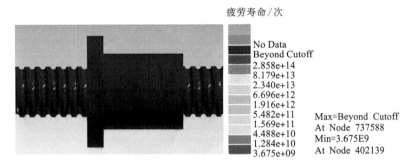

图 7-21　SFU5010 型号滚珠丝杠疲劳寿命分布云图

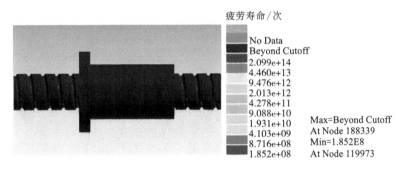

图 7-22　SFU5020 型号滚珠丝杠疲劳寿命分布云图

### 7.3.3　初始模型与设计模型仿真结果比较

结合上述初始模型的仿真结果，初始模型和设计模型的仿真结果指标（最大应力、最大变形、最小疲劳寿命）如表 7-5 所示。

表 7-5　各模型仿真结果比较

| 模型 | 最大应力/MPa | 最大变形/mm | 最小疲劳寿命/次 |
| --- | --- | --- | --- |
| 初始模型 | 577 | 0.030 | $2.773×10^6$ |
| SFU5010 | 220 | 0.044 | $3.675×10^9$ |
| SFU5020 | 249 | 0.039 | $1.852×10^8$ |

由表 7-5 可以看出，与初始滚珠丝杠模型相比，根据理论设计的滚珠丝杠最小疲劳寿命都远高于初始滚珠丝杠，且最小疲劳寿命都高于 $1×10^7$ 次，因此满足设计要求；最大变形量相差不大，最大应力约是初始模型最大应力的二分之一。由此可以确定，设计的滚珠丝杠刚度和可靠性高于初始模型，且在设计的滚珠丝杠中，SFU5010 型号的滚珠丝杠可靠

性高于 SFU5020 型号的滚珠丝杠, 最终确定最优模型是 SFU5010 型号的滚珠丝杠。基于以上分析, 验证了最优滚珠丝杠模型型号为 SFU5010, 滚珠丝杠实物如图 7-23 所示。

图 7-23　SFU5010 型号滚珠丝杠实物

## 7.4　本章小结

本章针对电机械制动系统关键零部件(星齿轮减速器、碟形弹簧、滚珠丝杠)进行静力学和疲劳寿命分析, 以校核零部件的强度、刚度和疲劳寿命。其中, 滚珠丝杠作为最薄弱部件, 其强度和刚度满足要求, 但是疲劳寿命最小为 $2.773 \times 10^6$ 次, 材料所承受的应力循环次数未达到 $1 \times 10^7$ 次, 因此对滚珠丝杠在疲劳寿命方面进行结构优化。通过优化前后结构仿真对比结果可知, 优化前后的滚珠丝杠最大变形量相差不大, 最大应力约是初始模型最大应力的二分之一, 强度和刚度都满足要求; 优化后的滚珠丝杠最小疲劳寿命远高于初始滚珠丝杠, 且最小疲劳寿命都高于 $1 \times 10^7$ 次。因此, 优化后的滚珠丝杠可靠性得到提高。

# 第 8 章

# 电机械制动器系统设计及其静动态特性

## 8.1　引言

本章基于制动器和试验台模型，完成了电机械制动器的动静态试验台的搭建与调试，结合可编程控制器 PLC 和电机械制动器工作原理，搭建了试验测控系统。通过试验，分析了静态情况下制动器能够产生的力与电流、堵转位移的关系，得到了输出力与位移、电流的拟合函数，并对电机械制动器的最大制动力及响应性能进行了试验测试。基于静态试验台实验结果开展了电机械制动器进行动态测试，从而得出了制动器在不同转速和不同正压力情况下的制动性能。

## 8.2　动静态制动器试验台搭建

### 8.2.1　总体方案

电机械制动执行器试验平台包括主机、cSPACE 控制器、电机驱动器、执行器样机、传感器、数据采集卡、电机电源等，总体方案如图 8-1 所示。

表 8-1 为试验平台各组成部分的实际用途说明，试验台的具体工作流程为：①使用计算机 MATLAB/Simulink 编写控制器程序并编译写入 cSPACE 控制器；②试验时计算机作为上位机输入操作指令并下发给 cSPACE 控制器；③cSPACE 控制器通过已经写入的程序对上位机的命令进行处理，输出控制指令给电机驱动器；④电机驱动器接收 cSPACE 控制器的信号，根据信号控制执行器样机力矩电机的动作；⑤传感器测量电机动作后试验台各物理量的变化，并将物理量转变为电信号反馈给 cSPACE 控制器形成闭环控制；⑥数据采集卡采集传感器的电信号，记录物理量的变化，用于试验后处理与分析。

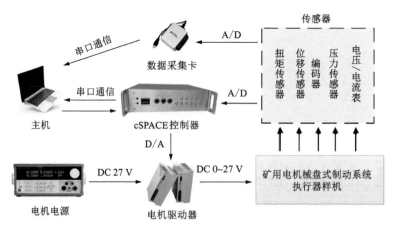

图 8-1  试验平台总体方案示意图

表 8-1  试验平台各组件用途说明

| 组件 | 用途 |
|------|------|
| 主机 | 编写控制算法、输出指令、记录数据并进行后处理 |
| cSPACE 控制器 | 运行算法、接收主机指令并发送电机驱动信号、接收传感器信号 |
| 电机电源 | 给执行器提供电源 |
| 电机驱动器 | 接收电机驱动信号、控制电机转动 |
| 执行器样机 | 模拟电机械制动执行机构运行状态 |
| 传感器 | 识别物理量变化、以模拟量信号发送至 cSPACE 控制器和数据采集卡 |
| 数据采集卡 | 采集所有传感器信号并发送给主机 |

### 8.2.2  执行器样机搭建

执行器样机是试验平台的主体结构，用于模拟电机械制动系统的工作状态。样机的设计应在符合电机械盘式制动器结构特点的同时，兼顾传感器安装、功能测试、试验条件的限制等因素。因此，样机虽使用分体电机结构，但动力传递关系保持一致。设计了用于试验测试的执行器样机，并完成组装工作，如图 8-2 所示，执行器样机的动力学理论与前述分析一致，仍包含电机、行星减速器、滚珠丝杠、碟簧等结构。

### 8.2.3  硬件选型

除执行器样机外，试验台所用的传感器、数据采集卡、cSPACE 控制器等均需根据使用要求进行选型。

在测试中需要了解力矩电机的工作特性，故需用传感器测量电机电枢的电流和电压信号，试验台所用力矩电机的峰值堵转电流为 10 A，最大电压为 27 V。结合试验条件选择 WS1521 直流电流、电压信号隔离变送器，如图 8-3 所示。电流、电压信号隔离变送器的具体性能参数如表 8-2 所示。

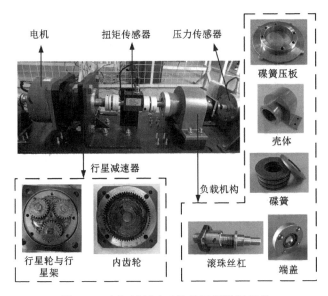

图 8-2　电机械制动系统执行器样机组成

图 8-3　电流、电压信号隔离变送器

表 8-2　电流、电压信号隔离变送器参数

| 类型 | 电流信号隔离变送器 | 电压信号隔离变送器 |
|---|---|---|
| 输入信号 | 0~10 A | 0~30 V |
| 输出信号 | 0~10 A | 0~10 V |
| 电源电压 | DC 24 V | |
| 精度 | ±0.1% F.S. | |
| 响应时间 | 10 ms | |

注：F.S. 表示满量程。

为了获知电机的转动信号，试验台在电机转子一端安装 E6B2-CWZ6C 欧姆龙光电旋转编码器，如图 8-4 所示。光电旋转编码器工作原理如图 8-5 所示，利用光电转换和电子元件输出 A、B、Z 三相信号，A、B 相为相差 90°的方波信号，Z 相为圆周位置矫正信号，一圈输出一个 Z 脉冲。

E6B2-CWZ6C 光电旋转编码器参数如表 8-3 所示，通过识别编码器的高频脉冲

图 8-4　光电旋转编码器

测量电机转速。常见的计算方法有频率法和周期法，由于电机大部分时间处于低速运行阶段，故采用周期法计算电机转速为：

$$n = \frac{60 \cdot f}{RP \cdot M} \tag{8-1}$$

式中：$n$ 为电机转速；$f$ 为计数器频率；$RP$ 为编码器分辨率；$M$ 为编码器相邻两个脉冲之间的计数值。

表 8-3 光电旋转编码器参数

| 型号 | E6B2-CWZ6C |
| --- | --- |
| 电源电压 | DC 5 V-5%至 24 V+15% |
| 分辨率 | 2000P/R |
| 输出相 | A、B、Z 相 |
| 输出相位差 | AB 相位差 90°±45° |
| 允许最高转速 | 6000 r/min |

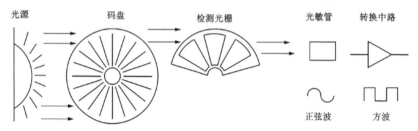

图 8-5 光电旋转编码器工作原理

为了采集闸瓦与制动盘之间的夹紧力及滚珠螺母的推力，了解电机运行状态与螺母推力、夹紧力之间的工作特性，需要选择合适的压力传感器。选用某公司 DYLF-102 型压力传感器，搭配 DY220B 压力显示器使用，如图 8-6 所示，压力传感器详细参数如表 8-4 所示。

(a) 压力传感器

(b) 压力显示器

图 8-6 压力识别变送

表 8-4 压力传感器参数

| 技术指标 | 参数 | 技术指标 | 参数 |
| --- | --- | --- | --- |
| 量程 | 0~20000 N | 蠕变 | ±0.03≤%F.S./30 min |
| 灵敏度 | (2.0±0.05) mV/V | 零点输出 | ±1≤%F.S. |
| 非线性 | ±0.03≤%F.S. | 零点温度系数 | ±0.03≤%F.S./10℃ |
| 滞后 | ±0.03≤%F.S. | 灵敏度温度系数 | ±0.03≤%F.S./10℃ |
| 重复性 | ±0.03≤%F.S. | 安全过载 | 150%F.S.≤%F.S. |

　　试验过程需要测量闸瓦与制动盘之间的制动间隙，使用非接触式测距仪，结合试验条件选用精嘉科 BX-LV30 NR 光电位移传感器，如图 8-7 所示，位移传感器详细参数如表 8-5 所示。

**图 8-7　位移传感器**

表 8-5　位移传感器参数

| 技术指标 | 参数 |
|---|---|
| 检测距离 | 25~35 mm |
| 综合精度 | 0.01 mm |
| 工作电压 | 12~24 V |
| 反应时间 | 1.5 ms |
| 模拟量输出 | 0~5 V |

　　为了解制动器执行机构丝杠输入扭矩与制动力、螺母推拉力之间的工作特性，试验台设计时在减速器输出轴与丝杠输入端之间加入一动态扭矩传感器，型号为 DYN-207，如图 8-8 所示。该传感器两端均为平键连接，输出正反转扭矩信号，扭矩传感器详细参数如表 8-6 所示。

(a) 扭矩传感器

(b) 扭矩显示器

**图 8-8　扭矩识别变送**

表 8-6　扭矩传感器参数

| 技术指标 | 参数 |
|---|---|
| 量程 | 0~30 N·m |
| 输出灵敏度 | 1.0~1.5 mV/V |
| 综合精度 | ±0.16≤% F.S. |
| 零点温度系数 | ±0.03≤%F.S./10℃ |
| 激励电压 | 5~15 V |
| 安全过载 | 120% F.S. ≤% F.S. |

在数据采集卡将各路传感器输出的模拟量信号通过 A/D 端口转化为数字量信号传递给计算机保存的同时,还要考虑其经济性,且应易于操作。试验台共设 5 路传感器信号,结合实际情况最终选择 NI USB-6003 数据采集卡,如图 8-9 所示。

作为控制系统的主要控制单元,cSPACE 可以接收 MATLAB/Simulink 设计的控制程序,编译成功后可方便地控制被控对象。如图 8-10 所示,控制器外扩 6 通道 16 位 A/D 接口,4 通道 16 位 D/A 接口。在试验测试中,可通过 cSPACE 提供的数据传输模块和用户界面(图 8-11),实时修改控制参数,显示变量响应过程。

 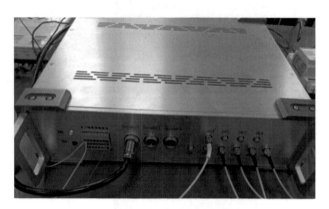

图 8-9　数据采集卡　　　　　　　　图 8-10　cSPACE 控制器

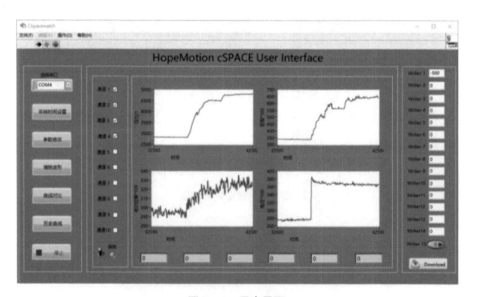

图 8-11　用户界面

电机驱动器接受 cSPACE 控制器的模拟量控制信号,根据信号调节输出电压,输出电压驱动力矩电机旋转。电机驱动器外观如图 8-12(a)所示,输入电压为 DC 27 V,恒压电源如图 8-12(b)所示。

(a) 电机驱动器

(b) 恒压电源

**图 8-12　电机驱动器和电源**

## 8.2.4　搭建试验台

在电机械制动器整体结构模型、关键零部件刚度和强度校核、结构优化设计、疲劳寿命和动力学仿真分析等研究完成的基础之上，加工并搭建了动静态制动器试验台实物，且进行调试，以确保制动器能够正常运行。用选择的动力源硬件和数据采集硬件，搭建的静态制动器试验台如图 8-13 所示。

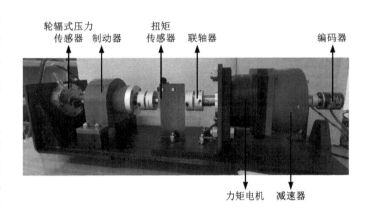

**图 8-13　静态制动器试验台实物图**

在静态制动器试验台中，闸瓦与轮辐式压力传感器处于将碰未碰的一种临界状态，力矩电机通电后电机正转，制动器内部的滚珠丝杠机构开始运动，丝杠转动带动螺母前移，使得安装于螺母之上的闸瓦贴向压力传感器，并通过称重显示器显示实时读数，从而实现制动力的测试。结果表明，制动器运行状态良好，产生的制动力稳定可靠，可开展下一步电机械制动器动态试验。搭建的动态制动器试验台如图 8-14 所示。

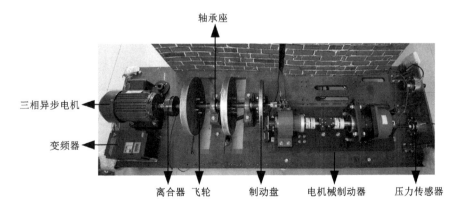

**图 8-14　动态制动器试验台实物图**

根据以上试验台设计方案和设备选型结果，对试验台各组分开展加工制作和采购。组装完成的试验台如图 8-15 所示，所有相关试验将在此试验台完成。根据试验台工作原理和图 8-16 所示接线方案，完成试验台的组装和接线。

**图 8-15 电机械制动试验测试平台现场**

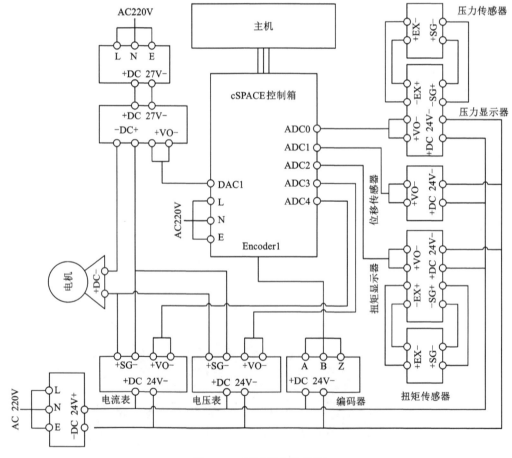

**图 8-16 试验平台接线图**

## 8.3 控制系统设计与搭建

### 8.3.1 控制系统设计

制动器的控制系统主要包括两部分：其一是控制力矩电机(制动器的动力源)的正反转以实现制动和松闸；其二是利用控制系统，通过程序指令来完成试验数据采集，以及向电机提供不同电源电压，以改变电机的转速和转矩大小。控制系统原理图如图 8-17 所示。

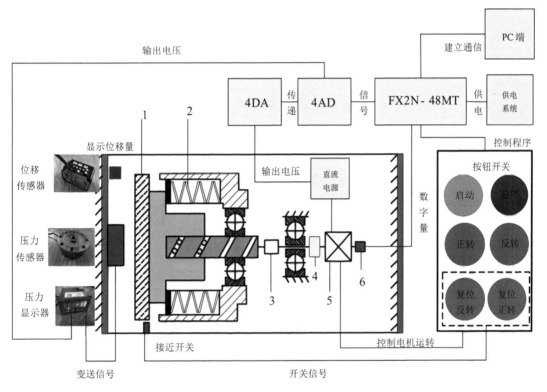

1—闸瓦；2—碟形弹簧；3—联轴器；4—行星齿轮减速器；5—力矩电机；6—编码器。

**图 8-17 控制系统原理图**

由图 8-17 可知，控制系统主要包括通过计算机(PC)端与 PLC 建立通信，选择响应速度快的 FX2 N-48MT-001 作为主控制器可编程控制器与模拟量模块建立信号连接，其中4AD 模块放在 0 号位置，4DA 模块放置在 1 号位置；搭配使用启动按钮、急停按钮、正转按钮、反转按钮、复位反转按钮和复位正转按钮六个按钮实现电机的动作；利用4DA 模块向可编程直流电源输入电压给力矩电机供电，保证制动器的正常运转；通过位移传感器实时显示闸瓦位移大小；轮辐式传感器测试制动正压力并通过压力显示器实时显示压力数值，由 4AD 模块中转信号使得制动力的大小在 PC 端实时显示；利用编码器与电机连接，通过将编码器的脉冲信号传入 PLC 中得到电机的转速；利用接近开关保障闸瓦通过电机转动带动滚珠丝杠运转，使得闸瓦回到原始位置。

## 8.3.2 PLC 控制程序设计

三菱系列 PLC 常用的编程软件有 GX-Developer、GX-Works2[82-84]，这里采用 GX-Works2 软件，结合控制系统原理图、梯形图中各软元件的地址分配表如表 8-7 所示。

表 8-7　地址分配表

| 地址 | 说明 | 地址 | 说明 |
| --- | --- | --- | --- |
| X000 | 启动按钮 | X001 | 高速计数器输入端 |
| X002 | 正转按钮 | X003 | 反转按钮 |
| X004 | 急停按钮 | X005 | 复位正转按钮 |
| X006 | 复位反转按钮 | X007 | 接近开关输入端 |
| Y001 | 电机正转 | Y002 | 电机反转 |
| Y003 | 急停报警指示灯 | — | — |

1）可编程直流电源输出 0~10 V 电压

利用 FX2 N-4DA 模块，可实现数字量信号到模拟量信号的转换，同时可将信号传递至直流电源模拟量控制模块，以实现对可编程直流电源输出电压大小的实时控制，从而完成电机转速和制动力的改变。其中，数字量与模拟量关系图如图 8-18 所示。

制动器正常工作的前提是先对直流电源输出的电压进行控制，如图 8-19 所示。利用该梯形图程序，采用 4DA 模块中的 CH1 通道，通过 PC 端更改变量存储器 D1 数字量的大小，依据数字量与模拟量的关系图，输入不同数字量以得到不同大小的输出电压，通过

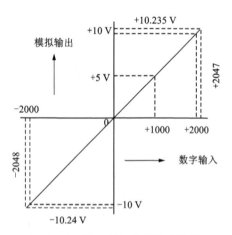

图 8-18　数字量与模拟量关系图

模拟量控制模块使得直流电源输出不同电压向力矩电机供电。

2）力矩电机制动与松闸

电机械制动器松闸过程中，力矩电机通电反转带动丝杠转动，使得螺母直线移动压缩碟形弹簧，同时带动闸瓦后移，分离闸瓦与制动盘，至此松闸过程完成；力矩电机断电螺母将不能提供足够大的压力压缩碟形弹簧，此时碟形弹簧的张力大于压力，螺母前移推动闸瓦贴向制动盘实现制动。结合制动器的工作原理，完成了电机运转控制程序的设计，如图 8-20 所示。

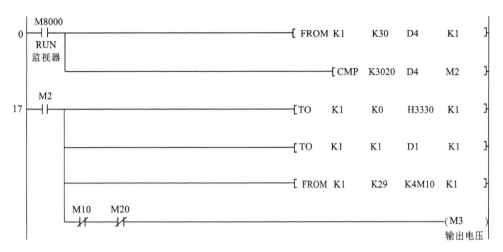

图 8-19　电源输出电压控制程序图

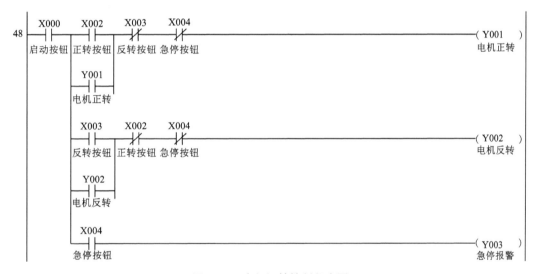

图 8-20　电机运转控制程序图

　　由图 8-20 可知，当按下启动按钮时，制动器运转；按下正转按钮时，力矩电机开始正转，闸瓦贴向制动盘；按下反转按钮时，制动器松闸。利用自锁互锁原理可保证电机的可持续运转，同时可避免出现正反转同时控制电机运转的情况；为避免紧急情况，设定急停按钮和急停指示灯，按下按钮可使制动器停止运转。

　　3) 闸瓦复位

　　在制动器试验过程中需要先进行静态制动器性能测试，为验证制动器的动力性能，需要使电机正转从而使得闸瓦贴向制动盘并通过轮辐式传感器测试压力大小，依据轮辐式传感器工作原理，位移量越大则传感器内部变形越大，所产生的力越大，因此需要反复测量位移量与位移的关系，为保障精度要求，这里设置接近开关按钮，电机反转复位时触碰接近开关，电路断开，闸瓦回到原始位置即"零点"位置，程序图如图 8-21 所示。

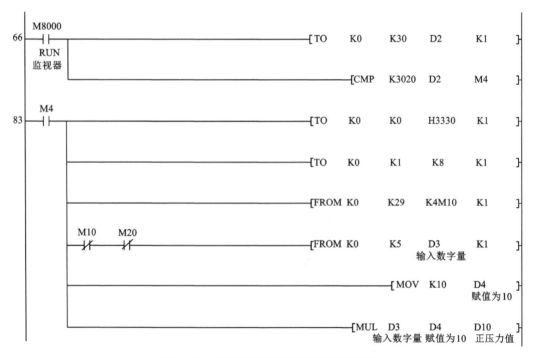

图 8-21　制动器复位控制程序图

4）制动正压力试验数据采集

为更方便读出制动器制动正压力的大小，采用 FX2 N-4AD 模块实时采集制动正压力的大小，利用轮辐式传感器将模拟量传入称重显示器，称重显示器变送输出 0~10 V 信号至 4AD 模块，最终通过人机交互界面触摸屏实时显示制动正压力的大小。制动正压力试验数据采集程序图如图 8-22 所示，通过 4AD 模块中的 CH1 通道采集来自称重显示器的模拟量信号，最终由 PC 端实时显示制动正压力值。

图 8-22　制动正压力试验数据采集程序图

5)转速试验数据采集

将光电编码器与力矩电机连接，力矩电机转动时，编码器随之转动，在旋转过程中，编码器内部向 PLC 输入高速脉冲，且电机转速不同时在单位时间内收到的脉冲总量是不一样的，而目前采用编码器测试的方法有三种，即 $M$ 法、$T$ 法、$M/T$ 法，这里采用 $M$ 法，通过记录一定时间间隔 $T$ 内，编码器产生的脉冲数来确定电动机转速的方法[81]。经过如图 8-23 所示的编程处理后即可计算出电机转速。

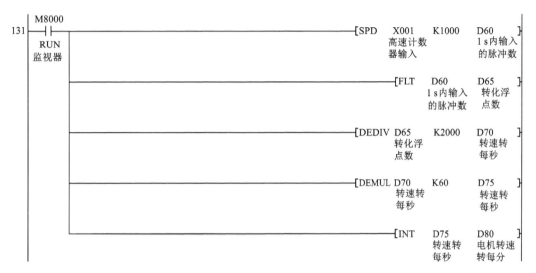

**图 8-23 测转速程序图**

根据 $M$ 法，规定时间内测得的脉冲个数为 $M$，编码器旋转一周所需要的脉冲个数为 $P$，则转速为：

$$N = \frac{60M}{PT} \tag{8-2}$$

由图 8-23 中可知，E6B2-CWZ6C 型号的编码器单位时间内输出的脉冲数为 2000，时间间隔取 1 s，依据不同的转速可产生不同数量的脉冲数来计算电机的转速。

### 8.3.3 电控箱搭建

基于控制系统原理图和程序指令，完成简易电路示意图，如图 8-24 所示。从图 8-24 中可看出，主控制模块为 FX2 N-48MT，利用模拟量模块 4DA 控制可编程电源向力矩电机输入不同大小的电压，以达到控制电机力矩和转速大小的目的；利用 4AD 模块实时采集来自压力显示器输出的 0~10 V 变送信号，并通过上位机实时显示制动正压力大小；利用编码器采集电机转速，通过将高速脉冲信号输入三菱 PLC 中的 X001 高速计数端口，最终通过上位机实时采集或显示电机转速；程序指令配合力矩电机正反转电路以达到控制电机正反转、实现抱闸和松闸的目的；动态试验中，变频器接收来自 PLC 的改变变频器输出频率大小的输入模拟量指令，以改变三相异步电动机的转速，通过输入正反转信号改变三相异步电动机正反转；外部设置停止指令，当三相电机断电时使得离合器同时断电。

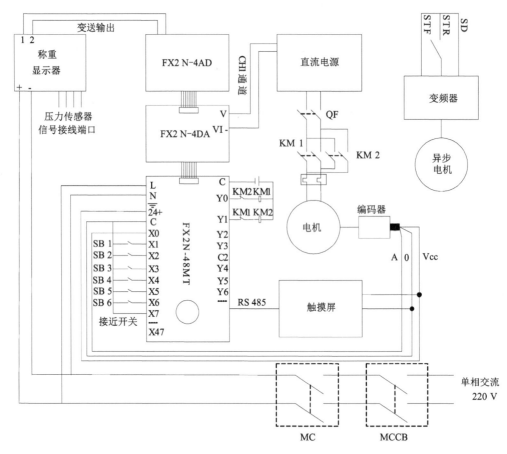

图 8-24　电路示意图

控制箱实物图如图 8-25 所示，实际工作中继电器模组与交流接触器的工作原理相同，区别在于两者能够承受的电压不同，而这里电源输出的电压在继电器可承受范围内，因此为节约空间可采用继电器模组代替交流接触器。

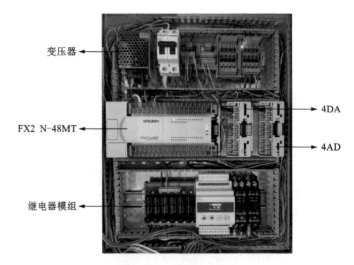

图 8-25　控制箱实物图

## 8.4 电机械制动器静态试验研究

为初步掌握电机械制动器的基本工作特性，基于搭建完成的试验台与控制箱，开展静态电机械制动器性能试验测试。力矩电机作为制动器的动力源决定着制动正压力的大小，为测试开发的制动器性能，从电压、堵转位移和最大制动正压力三个角度进行研究分析。

### 8.4.1 电压与制动正压力关系

为简化试验，在试验开始前使制动器闸瓦与轮辐式压力传感器接触，通过改变程序中模拟量大小，来改变力矩电机的输入电压，令制动踏面在不同输入电压下，压紧压力传感器，得出电机电流与制动器正压力的关系。试验发现，因力矩电机及行星齿轮减速器间存在静摩擦转矩，造成电机械制动器起始工作电压达到 2.0 V。设置五组试验并对五组试验数据取平均值，试验结果平均值如表 8-8 所示。

表 8-8  力矩电机输入电压、电流与制动正压力试验数据表

| 电机电压/V | 电机电流/A | 制动正压力/N |
|---|---|---|
| 2.0 | 0.52 | 1189 |
| 2.4 | 0.66 | 1723 |
| 2.8 | 0.93 | 2561 |
| 3.2 | 1.13 | 3378 |
| 3.6 | 1.27 | 3837 |
| 4.0 | 1.47 | 4209 |
| 4.4 | 1.78 | 4833 |
| 4.8 | 1.94 | 5467 |
| 5.2 | 1.85 | 5709 |
| 5.6 | 2.13 | 6200 |
| 6.0 | 2.4 | 6389 |

观察表 8-8 中试验数据的分布可知电机电压与电流为正比关系、与制动正压力呈线性关系，将计算得到的试验结果平均值数据，采用 Origin 对电压与制动正压力进行一阶线性拟合，拟合曲线如图 8-26 所示。

由图 8-26 可知，试验测得的五组数据中的四组数据较接近，而数据 5 存在一定的偏差，考虑到试验过程中误差难以避免，采用数据拟合方法对五组数据求取平均值并进行拟合，拟合函数相关系数为 0.979，说明试验数据拟合质量较高，其斜率为 1330，截距为 −1184，则可得拟合函数为：

$$F = 1330U - 1184 \tag{8-3}$$

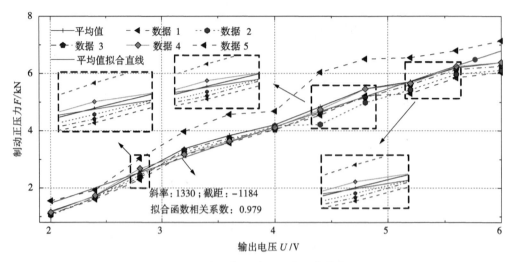

图 8-26  电压与制动正压力拟合曲线图

## 8.4.2  制动正压力与堵转位移关系

向力矩电机输入不同大小的电压，力矩电机转动带动丝杠平动压紧压力传感器；采用位移传感器测量堵转位移，设置五组试验并求取平均值，力矩电机堵转位移与制动正压力试验数据表如表 8-9 所示。

表 8-9  力矩电机堵转位移与制动正压力试验数据表

| 电机电压/V | 堵转位移/mm | 制动正压力/kN |
|---|---|---|
| 2.0 | 0.19 | 1.189 |
| 2.4 | 0.38 | 1.723 |
| 2.8 | 0.47 | 2.561 |
| 3.2 | 0.5 | 3.378 |
| 3.6 | 0.58 | 3.837 |
| 4.0 | 0.7 | 4.209 |
| 4.4 | 0.75 | 4.833 |
| 4.8 | 0.88 | 5.467 |
| 5.2 | 0.95 | 5.709 |
| 5.6 | 1.07 | 6.200 |
| 6.0 | 1.23 | 6.389 |

观察坐标系中试验数据的分布可知，堵转位移与正压力为非线性关系，因此将试验结果导入 Origin 中进行高阶拟合，得到两者拟合曲线关系图如图 8-27 所示。

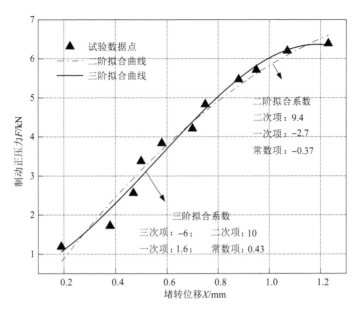

**图 8-27　堵转位移与制动正压拟合曲线图**

图 8-27 表明正压力与堵转位移成三次方关系，且拟合曲线公式如下：

$$F = 9.4x^2 - 2.7x - 0.37 \tag{8-4}$$

$$F = -6x^3 + 10x^2 + 1.6x + 0.43 \tag{8-5}$$

由拟合曲线可知，二阶与三阶拟合函数的相关系数分别为 0.966、0.983。两种拟合函数均能达到较高的精度，堵转位移与压力之间的三阶拟合精度高于二阶拟合精度，但三阶拟合中堵转位移与压力不是递增关系，与实际情况不相符，且三阶以上的拟合与三阶类似，所以这里取二阶拟合函数曲线。

## 8.4.3　电机械制动器制动响应性能分析

制动器响应性能是提升机有效制动的关键一环，为此有必要对设计的电机械制动器进行试验测试，研究其制动响应性能的优劣。试验发现，制动器的响应性能取决于电机械制动器制动正压力，制动正压力越大，则闸瓦移动的加速度越大，制动间隙的消除时间会随之减小，制动响应越迅速，而制动正压力的大小与输入电压息息相关。因此设置六组试验，其输入电压分别为：2 V、3 V、4 V、5 V、6 V、7 V，得到制动正压力响应图如图 8-28 所示。

由图 8-28 可知，不同输入电压情况下，制动正压力增长的快慢也不同，当输入电压为 2 V 时，增速为 0.15 kN/s，制动正压力终值为 1420 N；当输入电压为 3 V 时，增速为 0.285 kN/s，制动正压力终值为 2540 N；当输入电压为 4 V 时，增速为 0.485 kN/s，制动正压力终值为 4030 N；当输入电压为 5 V 时，增速为 0.678 kN/s，制动正压力终值为 5290 N；当输入电压为 6 V 时，增速为 0.88 kN/s，制动正压力终值为 6220 N；当输入电压为 7 V 时，增速为 1.11 kN/s，制动正压力终值为 7480 N。由此说明，输入电压越大，制动正压力增长的速度越快，响应性能越好，制动正压力最终值越大。

由式(8-4)可知，$U=2$ V 时拟合理论值为 1476 N、试验值为 1420 N，相对误差为 3.8%；$U=3$ V 时拟合理论值为 2806 N、试验值为 2540 N，相对误差为 9.5%；$U=4$ V 时拟合理论值为 4136 N、试验值为 4030 N，相对误差为 2.6%；$U=5$ V 时拟合理论值为 5466 N、试验值为 5290 N，相对误差为 3.2%；$U=6$ V 时拟合理论值为 6796 N、试验值为 6220 N，相对误差为 8.5%；$U=7$ V 时拟合理论值为 8126 N、试验值为 7480 N，相对误差为 7.9%。由此可知，拟合曲线与试验值相对误差在 9% 以内，二阶拟合函数与制动器结构设计均合理。

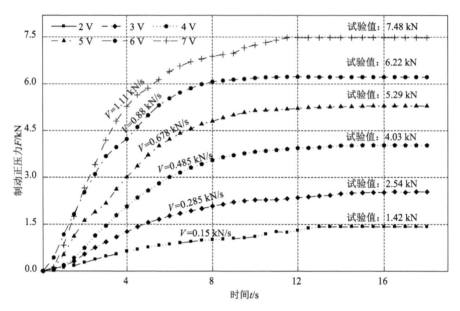

图 8-28    制动正压力响应图

## 8.5    电机械制动器动态试验研究

### 8.5.1    碟形弹簧压力特性试验测试

为测试电机械制动器在动态工况下制动正压力对制动性能的影响，需先对制动器制动核心部件碟形弹簧进行分析。由上述内容可知，制动间隙为 1 mm，当电机反转压缩碟簧，促使闸瓦与制动盘间的距离达到 1 mm，实现松闸；当电机断电时，闸瓦在碟形弹簧弹力作用下消除制动间隙，实现制动。结合碟形弹簧固有特性和工作状态，可得到单片碟形弹簧制动正压力与变形量的关系，由上述公式可知，6 片碟形弹簧对合组合与单片碟形弹簧压力一致，可得到安装于制动器内部的碟形弹簧制动正压力与变形量的关系如下：

$$P=\frac{f^3-7.5f^2-84.5f}{3.14} \tag{8-6}$$

同理，松闸过程中电机转动带动螺母压缩碟形弹簧产生的压缩力关系式为：

$$F = \frac{(f+1)^3 - 7.5(f+1)^2 - 84.5(f+1)}{3.14} \tag{8-7}$$

结合式(8-6)、式(8-7)，利用 MATLAB 计算绘制了碟形弹簧特性曲线，如图 8-29 所示，碟形弹簧变形量处于 2.25 mm 以内时，碟形弹簧载荷力、电机压缩力和碟簧变形量呈线性关系；两直线在交会处的碟形弹簧变形量为 0.98 mm，载荷力为 24.8 kN，此时两者作用力相等；当碟形弹簧变形量为 2 mm 时，会产生 46.8 kN 的载荷力；当压缩量为 0.17 mm 时，电机需提供 4.5 kN 正压力；当压缩量为 2.17 mm 时，电机所需要提供的力为 50.4 kN。

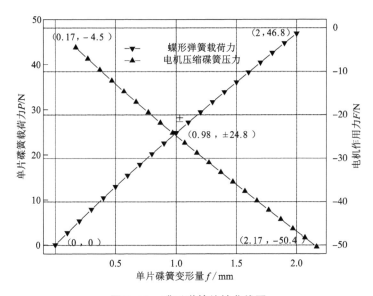

图 8-29　碟形弹簧特性曲线图

制动器运转时螺母压缩壳体内部的碟形弹簧，因碟形弹簧与壳体间存在一定的摩擦，会消耗部分动能，从而引起试验结果出现一定的误差。为探究误差大小，计算得出不同输入电压情况下，进行试验得到的碟簧组变形量理论值与试验值如表 8-10 所示。

表 8-10　碟簧变形量理论值与试验值对照

| 电机输入电压 /V | 正压力 /kN | 碟簧组变形量 理论值/mm | 碟簧组变形量 试验值/mm | 相对误差 /% |
|---|---|---|---|---|
| 4.27 | 4.5 | 1 | 0.983 | 1.7 |
| 4.87 | 5.289 | 1.2 | 1.173 | 2.25 |
| 5.26 | 5.81 | 1.3 | 1.229 | 5.38 |
| 5.45 | 6.067 | 1.4 | 1.367 | 2.35 |
| 5.84 | 6.58 | 1.5 | 1.610 | 7.33 |

由表 8-10 中结果可知，安装于制动器内部的 6 片碟形弹簧，在实际压缩过程中，碟形

弹簧压缩量与理论值误差百分比较小，均处于 8% 内。这说明电机输入电压与制动力的拟合曲线精度较高，可作为计算正压力的依据，为接下来制动性能试验打下了基础。

### 8.5.2 转速、制动力对制动性能的影响

为研究制动盘转速、制动正压力对制动性能的影响，忽略碟形弹簧的变形误差及因摩擦制动引起摩擦因数大小的变化。采用控制变量法，设置三组不同制动正压力 3 kN、4 kN、5 kN；每组制动盘对应的转速分别为 120 r/min、180 r/min、240 r/min，以探究电机械制动器的制动性能。由式(8-4)可知不同制动正压力下电机的输入电压为分别为 3.15 V、3.90 V、4.65 V。由上述数据进行试验，得到试验结果如图 8-30 所示。

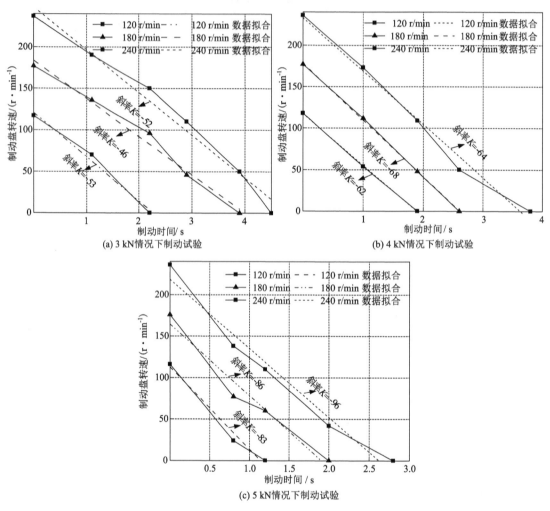

(a) 3 kN情况下制动试验  (b) 4 kN情况下制动试验

(c) 5 kN情况下制动试验

**图 8-30  制动性能试验结果图**

由图 8-30(a)可知，当制动正压力为 3 kN 时，转速为 120 r/min，减速度大小为 53，制动时间为 2.2 s；转速为 180 r/min，减速度大小为 46 r/s², 制动时间为 3.8 s；转速为

240 r/min，减速度大小为 52 r/s²，制动时间为 4.4 s。由图 8-30(b)可知，当制动正压力为 4 kN 时，转速为 120 r/min，减速度大小为 62 r/s²，制动时间为 1.9 s；转速为 180 r/min，减速度大小为 68，制动时间为 2.6 s；转速为 240 r/min，减速大小为 64 r/s²，制动时间为 3.8 s。由图 8-30(c)可知，当制动正压力为 5 kN 时，转速为 120 r/min，减速度大小为 83，制动时间为 1.4 s；转速为 180 r/min，减速度大小为 86 r/s²，制动时间为 2.0 s；转速为 240 r/min，减速度大小为 96 r/s²，制动时间为 2.6 s。

由以上数据可知，试验中电机械制动器制动性能与转速、制动正压力的关系与第 4 章制动器动力学仿真分析结果一致，即同一转速不同制动力下，制动力越大，制动减速度越大，制动时间越短；同一制动力不同转速情况下，转速越大，制动减速度越小，制动时间越长。

### 8.5.3　力矩电机特性试验

执行机构力矩电机是试验台核心部件之一，故对力矩电机的转速特性、堵转特性、摩擦特性进行了详细的理论推导和仿真，在试验条件下，有必要通过试验测试力矩电机在真实运行状态下的实际工作特性。

#### 8.5.3.1　转速特性试验

通过转速特性试验可以观察到电机转速与电枢电压的关系，以及测量克服电机静摩擦力矩的最小电压。在减速器空载状态下，通过程序逐渐增加电机的输入电压，并将此过程认定为准静态过程，对电机静态特性开展模拟试验。采集经整形滤波处理的电压及转速信号绘制成如图 8-31 所示的转速特性曲线。

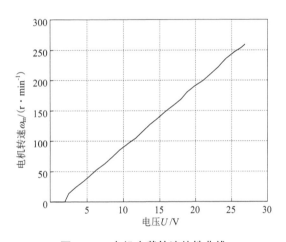

由图 8-31 可以看出，电机空载运行状态下转子的转速与电枢电压基本呈线性关系，与理论推导的理论公式和 Simulink 计算结果相符。分

**图 8-31　电机空载转速特性曲线**

析试验数据亦可以看出，在电枢电压小于 2.2 V 阶段，电机转速没有明显变化，基本处于静止状态，经分析认为，此阶段电机驱动转矩未能克服电机和行星减速器的静摩擦转矩，所以未能发生转动。

#### 8.5.3.2　转矩特性试验

转矩特性试验可以观察到电机堵转转矩与电枢电流之间的关系，且通过分析试验数据可以得出电机的实际转矩系数。由于电机输出轴设计为行星减速器的太阳轮，无法直接与扭矩传感器相接，因此试验时实测减速器输出轴转矩，行星减速器减速比为 6。在电机堵转状态下，通过程序令电机驱动器给电机电枢输入斜坡电流信号，采集试验过程中电流、转矩值,对采集到的数据进行整形滤波并拟合。为得到更加精确的试验数据,重复三次以上试验过程并取平均值。

共测得三组试验数据,绘制堵转转矩特性曲线如图8-32所示。由试验结果可以看出,电机械制动系统力矩电机的堵转转矩与电枢电流呈线性关系,同理论分析基本吻合。三组试验数据测得转矩系数如表8-11所示,实际$K_T$取平均值0.809 N·m/A。

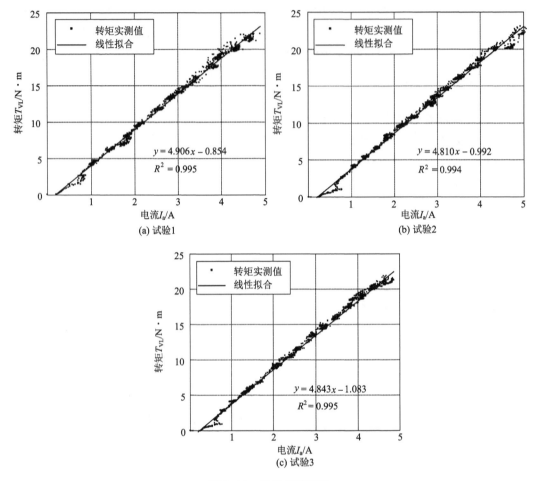

图 8-32  转矩特性试验

表 8-11  电机堵转转矩特性试验结果

| 试验号 | 斜率 | 电机转矩系数 $K_T/(N \cdot m \cdot A^{-1})$ | 转矩系数均值 $K_T/(N \cdot m \cdot A^{-1})$ |
|---|---|---|---|
| 试验 1 | 4.906 | 0.818 | |
| 试验 2 | 4.810 | 0.802 | 0.809 |
| 试验 3 | 4.843 | 0.807 | |

### 8.5.3.3 摩擦特性试验

最大静摩擦力矩 $T_s$ 是静摩擦+库仑摩擦+黏滞摩擦模型的重要参数之一，通过试验可获取 $T_s$ 的真值。试验时，电机处于空载状态，给电枢输入电压连续阶跃信号，阶跃步长取较小值，同时记录电流和电机转动信号。电机开始转动，电流稳定最大值与转矩系数 $K_T$ 的乘积即最大摩擦力矩，试验结果如表 8-12 所示。

表 8-12　静摩擦力矩试验结果

| 试验号 | 电流 $I_a$/A | 最大静摩擦力矩 $T_s$/(N·m) | 最大静摩擦力矩平均值 $T_s$/(N·m) |
|:---:|:---:|:---:|:---:|
| 1 | 0.28 | 0.22 | |
| 2 | 0.29 | 0.23 | |
| 3 | 0.30 | 0.24 | |
| 4 | 0.28 | 0.22 | 0.23 |
| 5 | 0.29 | 0.23 | |
| 6 | 0.31 | 0.25 | |
| 7 | 0.31 | 0.25 | |

## 8.5.4　负载特性试验

对负载特性的研究可以得出制动力与闸瓦位移的关系，以用于动力学分析。试验前将试验平台的减速器输出轴连接有滚珠丝杠副的螺杆，执行器样机完全装配，使电机力矩能够反映在闸瓦推力上。

试验时，给电机输入电压阶跃信号，观察闸瓦位移与制动正压力的变化，记录相关参数。开展了两次试验，通过数据采集卡将相关数据记录至计算机，经处理后曲线如图 8-33 和图 8-34 所示。选取制动力开始上升至稳定时间段的数据，绘制制动力-闸瓦位移曲线，并对此数据进行多项式拟合。由于机械传动部件的加工与装配误差、运动阻尼的不均匀等因素的影响，实测曲线在局部呈非线性、时变性，但总体趋势保持一致。从图 8-33 可以看

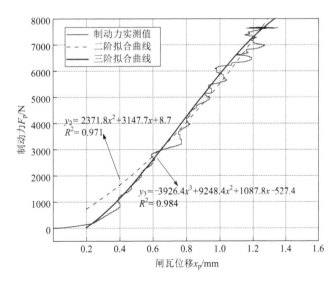

图 8-33　负载特性试验一

出，三阶多项式拟合曲线与实测曲线更加吻合，因此，将制动力与闸瓦位移看作三阶项关系式，各项系数取两次试验均值，得执行机构样机的负载特性曲线关系式为：

$$F_p = -4063.1x_p^3 + 9300.1x_p^2 + 1033.0x_p - 332.9 \tag{8-8}$$

式中：$F_p$ 为制动力，N；$x_p$ 为闸瓦位移，mm。

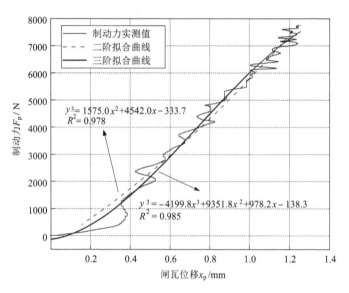

图 8-34 负载特性试验二

## 8.5.5 闭环控制测试

在完成硬件装配、软件开发和相关测试后，对电机械制动执行器样机开展了闭环控制试验，测试并分析制动力和制动间隙的控制效果。

为了观察制动力控制时闸瓦位移和电流等变量的动态变化趋势，选取 500 N 为目标制动力，使用 PID 控制器制动力进行控制，数据采集卡采集传感器测量数据并保存至主机，得出制动力响应时制动力、扭矩、电流和电压实测值随时间的变化曲线如图 8-35 所示。

图 8-35 展示了制动力从上升至下降的整个过程，在 0～0.68 s 时间段，制动力基本维持在 0 N，电流曲线维持在 2.2 A，此时电机械制动处于敞闸阶段。在 0.68～0.96 s 时间段，闸瓦前移，制动力逐渐增加，系统进入制动力跟随阶段。此阶段

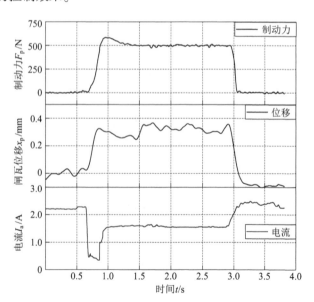

图 8-35 制动力跟随试验变量响应曲线

螺母推力迅速降低,产生制动力,电机械制动控制系统中电流环控制电流迅速下降,螺母推力减小,碟簧弹力克服螺母推力产生制动力,这与图 8-35 电流变化曲线所示现象一致。在 0.86 s 时,制动力接近目标值,电流回升,增大螺母推力以降低制动力的超调量。在 1.27 s 时,制动力稳定在 500 N,波动幅值较小,同时电机电流逐渐稳定,闸瓦持续输出目标制动力。在 2.91 s 时,目标压力降为 0 N,电流迅速增大,闸瓦在电机的驱动下做远离制动盘的运动,制动力迅速下降,后转为制动间隙调节阶段。

为了进一步比较优化 PID 型控制器与传统 PID 对电机械制动系统制动力控制效果的优劣,分别选取 2000 N、3000 N 和 4000 N 作为目标制动力,分别使用 PID、模糊 PID 和遗传算法 PID(GA-PID)对制动力进行控制,记录的制动力响应曲线如图 8-36~图 8-38 所示。

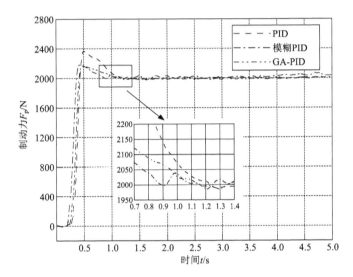

图 8-36　目标制动力 2000 N 响应曲线

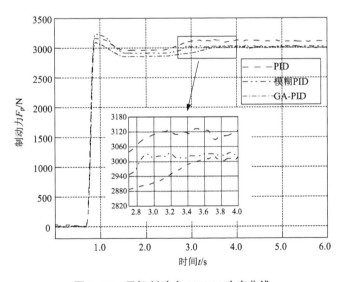

图 8-37　目标制动力 3000 N 响应曲线

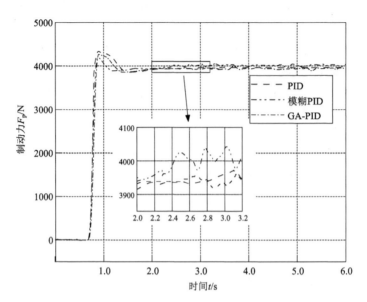

**图 8-38  目标制动力 4000 N 响应曲线**

除制动力外，对制动间隙的控制也是电机械制动系统的重要目标，根据前述内容确定制动间隙的目标值为 1 mm，分别使用上述三种控制器对制动间隙开展控制试验，试验结果如图 8-39 所示。

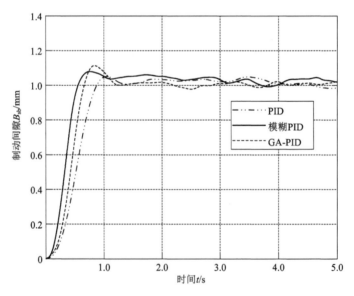

**图 8-39  制动间隙控制响应曲线**

对试验数据进行处理，绘制响应曲线，分析制动力和制动间隙控制阶段不同控制算法下响应曲线性能参数，如表 8-13 所示。

表 8-13  制动力和制动间隙控制阶段不同控制算法下响应曲线性能参数

| 控制算法 | 响应指标 | 制动力控制 | | | 间隙控制 |
|---|---|---|---|---|---|
| | | 2000 N | 3000 N | 4000 N | 1 mm |
| PID | 延迟时间/s | 0.205 | 0.115 | 0.105 | 0.520 |
| | 上升时间/s | 0.125 | 0.105 | 0.075 | 0.535 |
| | 峰值时间/s | 0.335 | 0.230 | 0.230 | 1.050 |
| | 调节时间/s | 0.895 | 0.530 | 0.830 | 1.170 |
| | 超调量/% | 18.2 | 5.53 | 8.25 | 5.04 |
| | 稳态误差/% | 1.10 | 5.82 | 2.95 | 4.00 |
| 模糊 PID | 延迟时间/s | 0.135 | 0.125 | 0.110 | 0.320 |
| | 上升时间/s | 0.120 | 0.100 | 0.100 | 0.335 |
| | 峰值时间/s | 0.255 | 0.240 | 0.220 | 0.760 |
| | 调节时间/s | 0.645 | 0.615 | 0.525 | 1.070 |
| | 超调量/% | 8.9 | 6.86 | 5.05 | 7.86 |
| | 稳态误差/% | 2.91 | 3.93 | 3.85 | 6.91 |
| GA-PID | 延迟时间/s | 0.175 | 0.125 | 0.125 | 0.425 |
| | 上升时间/s | 0.180 | 0.110 | 0.105 | 0.395 |
| | 峰值时间/s | 0.305 | 0.235 | 0.240 | 0.840 |
| | 调节时间/s | 0.915 | 0.495 | 0.725 | 1.145 |
| | 超调量/% | 8.1 | 3.13 | 6.65 | 11.35 |
| | 稳态误差/% | 1.50 | 5.95 | 3.55 | 6.67 |

利用 cSPACE 控制箱,搭建了电机械制动执行机构样机测试平台,测试了力矩电机空载转速特性、堵转转矩特性和最大静摩擦力矩。试验结果一方面验证了电机动力学数学建模和仿真建模的正确性,另一方面测量出执行机构样机的相关参数,为电机械制动系统的开发提供了试验测试方法。对执行机构样机开展了制动力和制动间隙控制测试,验证了调节电压控制制动力和制动间隙的可行性。同时,针对不同目标制动力和制动间隙,开展了一系列试验,使用三种控制算法对比分析控制效果。

在制动力跟随阶段,三种控制算法均可将制动力稳定控制在目标值附近,制动力的响应过程略有差别。目标值为 2000 N 时,PID 控制的超调量过大,模糊 PID 与 GA-PID 的响应过程基本一致,前者响应速度更快,后者的超调量略小;目标值为 3000 N 时,三种算法输出的制动力变化趋势相似,PID 输出曲线略大余另外两条,响应后期三种算法输出值均稳定,模糊 PID 的稳态误差最小;目标值为 4000 N 时,三种算法的输出值几乎一致,模糊 PID 在调节时间和超调量方面略占优势。

在制动间隙调节阶段,不同控制算法均可将间隙调节至目标值附近,模糊 PID 有着更快的响应速度，且超调量低于 GA-PID，整体表现优于另外两种。

综合对比制动力和制动间隙响应曲线的性能指标，模糊 PID 在两个控制阶段均有更多的优势点，动态性能更优，可作为制动力控制环和制动间隙控制环的控制算法。将试验结果与第 4 章仿真结果对比，两者之间有一定差异，试验中三种控制器的效果均不及仿真效果，在控制器优劣排名上亦有不同。详细分析仿真步骤和试验环境，认为产生差异的原因主要包含以下几点。

(1)执行机构样机为监测试验所需数据在结构上做出调整，与理论设计略有不同，动力传输路径的延长和联轴器的变形使得响应速度变慢，调节时间变长，控制精度降低。

(2)试验时误差信号需传感器采集变送并被 cSPACE 控制箱识别，此阶段延迟较高，不利于控制算法计算实时参数，此外控制器得出的电压控制信号亦需要时间传输，不能及时反映在电枢电压上。

(3)GA-PID 对数据的可靠性要求较高，易受试验噪声的影响，且计算时间较长，不及模糊 PID 适应性强，试验数据不够理想。

(4)执行机构样机受加工精度和装配误差影响较大，运动部件摩擦阻尼分布不均，仿真程序建模时没有完全反映真实的工作条件，部分参数和模型建立在理想条件下。

试验与仿真结果虽有差异，但不表明一方正确而另一方错误，两者相辅相成，互补不足，同为开发矿井提升机电机械盘式制动系统的有效环节，缺一不可。

## 8.6　本章小结

本章搭建了电机械制动器样机实物、动静态试验台和控制系统，完成了动力源-可编程直流电源、数据采集设备(编码器、压力传感器、位移传感器等)、三菱系列 PLC 模块等设备的选型。利用 GX Works2 软件编写了控制系统控制程序，搭建了电机械制动系统试验测试平台，并开展了电机械制动器样机性能研究。静态试验测试中，得到了制动器样机输入电压、堵转位移与制动正压力的实验数据值，采用数据拟合方法对试验数据进行处理。得出电压与制动正压力呈线性关系，其斜率、截距分别为 1330、-1184，拟合函数相关系数为 0.979，拟合质量较高；堵转位移与制动正压力关系为非线性关系，得到了二阶拟合函数，二阶以上位移与制动正压力间为非递增关系，不符合实际情况。依据拟合函数计算得出制动器在输入电压为 2 V、3 V、4 V、5 V、6 V、7 V 情况下，制动正压力的大小，通过测验制动器制动响应性能，发现制动器所输出的制动正压力与理论值的相对误差在 9% 以内，且输入电压越大，制动正压力增长的速度越快，响应性能越好。

在静态试验完成的基础上，完成了碟形弹簧压力特性试验，结果表明：碟形弹簧与壳体两者间因存在一定的摩擦，会消耗部分动能，在实际压缩过程中，碟形弹簧压缩量与理论值相对误差为 8% 左右。动态情况下，开展了制动盘转速、制动正压力对制动性能的影响的试验，结果表明：同一转速、不同制动力情况下，制动力越大，制动减速度越大，制动时间越短；同一制动力、不同转速情况下，转速越大，制动减速度越小，制动时间越长。基于 cSPACE 控制箱，设计了硬件闭环试验系统，并基于此开展了一系列试验以分析电机械制动系统性能。分析了驱动电机的转速特性和堵转转矩特性曲线，得出电机实际转矩系数为 0.809 N·m/A，实测电机最大静摩擦力矩为 0.23 N·m。通过试验总结出制动力与闸瓦位移呈三次函数关系，并拟合出函数关系式。试验测试了传统 PID、模糊 PID 和 GA-PID 三种控制器对不同制动力和制动间隙的控制效果，试验结果表明：三种控制器均可将制动力和制动间隙稳定控制在目标值附近，根据制动目标的不同稳态误差略有优劣；对比响应曲线的性能指标，模糊 PID 在制动力控制和制动间隙调节两个阶段，均有良好的表现，控制适应性较强，鲁棒性较好，可用于电机械制动系统的控制算法。

# 第 9 章

# 制动盘传动主轴旋转振动轨迹分析

制动盘作为电机械制动系统的主要摩擦设备之一，在电机的旋转带动下，需要同制动闸瓦产生摩擦进行制动，这不可避免地会产生振动；同时，制动盘在安装时，若传动轴轴承及轴承座安装精度不够或惯性轮质量分布不均匀，会导致传动轴在旋转过程中产生不对中与不平衡故障，进而在制动盘制动过程中产生不良的振动；故需要对制动盘旋转过程中的振动情况进行分析。由于制动盘传动轴与制动盘采用螺栓连接，因此可将两者视为一个整体，选择旋转故障中较易分析的传动轴旋转不平衡故障进行振动分析。

本章以电机械制动系统制动盘端与三相异步电机相连的传动轴为研究对象，采用模拟旋转不平衡故障的方法，提取制动盘旋转过程中传动轴的故障信息，同时采用集合经验模态分解算法编写的轴心轨迹提纯程序，对故障信息进行数据处理与分析。

## 9.1　轴心轨迹故障类型

振动是转子系统对外界系统传递能量的形式，也是表达机械系统运行状态的信号之一。机械状态信号的强弱常通过振动的幅度、相位等特征进行描述，在空间上表现为转子质心在转轴平衡点周围的运动，即为轴心轨迹图。因此，振动幅度过于剧烈，会使转子运动偏移量过大，容易导致转子系统发生损伤与故障。

转子常见故障有许多，包括转子不平衡和转子不对中等。其中，转子不平衡是各种旋转机械经常出现的故障，约有三分之一的转子旋转故障来自转子不平衡故障，而其出现的原因是转子零件损坏以及转子系统质心同旋转轴轴心运动不一致，如图 9-1 所示。因此，转子不平衡会使机械增加附加载荷引起振动，从而缩短机械寿命。转子制造与安装过程中容易出现偏差，这会导致转子出现质量偏心或不均的情况，进而使得转子旋转过程中出现离心力与力矩。同时，离心力与转子自身质量、旋转角速度以及偏心距离呈正相关。一般而言，若转子受到大小和方向均呈循环性变化的交变力的作用，即开始发生振动。由于离心力方向与转子旋转周期相关，因而不平衡故障振动频率通常与转速相关。

根据转子不平衡产生的阶段不同,不平衡故障可以分为原发型、突变型和渐进型三种。原发型不平衡源自转子加工过程中产生的制造误差、加工材料不均匀或安装不合理,进而使得机械在试运行时出现较大的振动。突变型不平衡源自旋转部件产生零件脱落的情况,其具体特点为机械振动突发性增大,随后趋向平稳,零件脱落会对旋转机械产生硬件上的损坏。渐进型不平衡主要特点为故障幅值与时间的关系为非线性递增,其产生原因为机械在长时间使用的情况下,机械系统发生杂质沉积现象从而诱发故障。当机械出现转子不平衡故障时,转子的振动信号在时域范围内呈现谐波振幅相等的特点,同时谐波信号的主要分量集中在工频上,并且振幅随着转速的增加而增大。当转子旋转过程中接近其临界转速时,转子振幅达到极值,一旦振幅超过临界值,振幅便会开始逐渐减少。如图 9-2 所示,转子的质量分布不均导致了离心力的存在,这使得转子的轴心轨迹稍呈椭圆形。

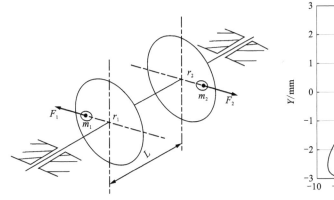

图 9-1　转子不平衡故障机理

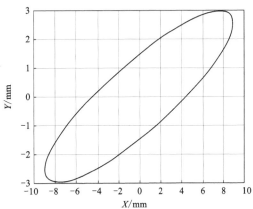

图 9-2　转子不平衡轴心轨迹图

转子不对中故障,类型可包括平行不对中、角度不对中等,其主要是安装误差与制造误差引起的,同时在运行过程中会造成轴承支承负荷出现较大变化的后果。转子不对中故障在实际生产中可能会带来严重的危害。如果旋转机械在转子未能正确居中的情况下运行,可能会导致转轴弯曲、磨损甚至转子断裂,如图 9-3 所示。

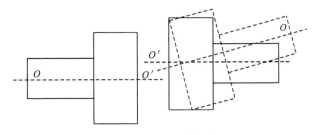

图 9-3　转子不对中故障机理

根据转子不对中的位置不同,转子不对中故障可以大致分为两类:轴承不对中和转轴不对中。轴承不对中是指旋转机械轴颈处的轴承零件发生倾斜现象,这种情况通常不会导致转轴产生大幅度振动,但可能会破坏轴承油膜的可靠性。在实际生产过程中,连接转子的联轴器容易产生转轴不对中现象。根据两个转轴的相对位置,通常可以将其分为平行不

对中、偏角不对中及混合不对中。转子不对中的故障特点表现为时域范围内倍频次峰会叠加在正弦波的基频上,之后当转子不对中程度加大时,其二倍频次峰的能量占比也会增大。同时,频谱分析中,频谱以主频与二倍频为主,当故障对转子中心点的偏移更严重时,还可能会出现二分之一倍频或三分之一倍频。当转子的偏移加重时,转子不对中故障轴心轨迹图如图9-4所示,此时轴心轨迹会变成八字形状,也被称为葫芦形。

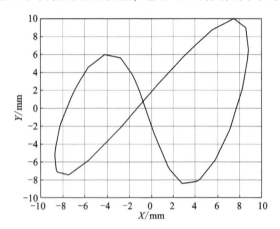

图9-4 转子不对中故障轴心轨迹图

## 9.2 振动故障检测原理

　　电机械制动系统制动部件在电机的带动下,由于安装精度与旋转力的作用,制动试验台与各模块都会产生不同形式的振动效果,对制动器的制动过程产生不利影响,进而使设备磨损,降低其工作精度。该影响随时间的流逝,会逐步累积对制动系统的耗损,使得电机械制动系统试验台的振动更为剧烈,直到出现机械故障。而当故障发生时,必然会使信号采集系统,所采集的振动信号发生显著的波动,其通常体现为机械振动频率、加速度及相位等信号参数的改变。

　　基于该特征信息,在传动轴故障检测的工况下,可以通过检测设备对传动轴旋转过程中的振动信号进行数据采集,之后对其进行时域、频域及时频域分析。通过对信号的均值、相位、幅值等特征量及各谱图变化趋势的分析,我们能够从中得到研究对象的故障特征,进而分析得到其故障形式。如图9-5所示,这种分析方法需要在研究对象相应位置安装合理的信号采集传感器设备,之后通过信号集成设备将各传感器模拟信号转换为数字信号,进而有效分析数据中的故障信息,完成故障检测过程。

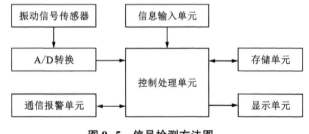

图9-5 信号检测方法图

　　传动轴旋转过程中因受到振动的影响,轴心的运动轨迹会发生较大的波动,将这些波动信息运用传感器进行采集,转换为信号输出至显示界面后,便能得到传动轴旋转轴心轨迹图。正交并共面的传感器采集的一维时域数据能够转化为旋转轴径向运动的轴心轨迹

图。轴心轨迹图上某一随机标记便代表旋转轴每旋转一周时经过传感器的实时位置。在对轴心轨迹的采集过程中，不可避免地会受到传感器内部杂波的影响以及试验台微小振动的干扰，因此需要对未经处理的轴心轨迹数据进行滤波处理，例如进行波形补偿与矢量补偿。波形补偿即为通过两滤波后的波形对未处理的轴心轨迹进行契合补偿，可对其进行有效的数据处理。同时，轴心轨迹可用于频率分析，能够得到相互正交的 $X$ 轴与 $Y$ 轴信号的相对频率数据，而根据不同的振动频率可绘制成独特的轴心轨迹图，因此可改变被测对象的不同参数来得到多条轴心轨迹，将多条轴心轨迹进行对比分析，可得到机械故障诊断的数据识别信息。

## 9.3　数据分解方法

　　轴心轨迹代表的是转子系统旋转过程中的实际运动状况，由于实际工作环境下，传感器采集信号往往会受到机械设备噪声信号及电磁干扰信号的影响而产生干扰信息，因此如何有效过滤干扰信号是轴心轨迹数据提纯的重点。可通过数据处理软件加载专用程序对模拟量转换而来的数字信号进行数据提纯，而程序核心的部分是所选用的支持算法。

　　转子轴心运动轨迹输出的信号为时间序列信号，而对其进行预测分析可了解到时间序列信号数据具有非线性与非平稳性的特点。如果不对这些数据进行修饰就直接用于预测模型，会使得预测模型分析规律存在准确性存疑、精确度不足等问题。信号分解方法可以将时间序列的原始数据分解为多个或多组分量数据，该分解方法遵循特定数学规律，能够提取时间序列信号中更为有效的信息，来合理解决原始数据无法处理的问题。因此，对转子系统运行过程中的原始时间序列信号进行平稳性数据处理是合理行为。

### 9.3.1　傅里叶分解算法

　　傅里叶分解算法是一种数学维度上的变换方法，该方法能够将时间信号转换为频域信号。频域信号中不同谱线代表着不同的频谱能量成分，并且按照频谱能量由高到低的规则依次排列，以完成信号时频特征的有效表示。

　　由图 9-6 可知，采用常用三角波函数为原函数，进行傅里叶分解算法，选择展开级数为九级，得到傅里叶分解可视化示意图。三角波函数经傅里叶变换后，根据频率的大小顺序，在频域角度可得到代表各分解波形信号强度的频谱幅值图。由图 9-6 也可知，傅里叶变换的缺点

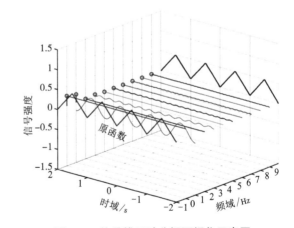

图 9-6　信号傅里叶分解可视化示意图

突出，其转换后得到的频谱信号失去了时域信号的特征，比如相位特征。故可知，傅里叶

分解算法只能运用于平稳信号的数据处理方面,而无法将其运用于现实机械工作采集的实时非平稳信号处理过程中。

### 9.3.2 经验模态分解算法

经验模态分解算法又称为 EMD 算法,是一种基于信号特征的自适应数据分解方法。该方法相较于传统傅里叶等算法具有无须确定基函数的优势,能够自动提取原始数据本体的基函数,仅依据数据自身在时间尺度上的特征来进行分解,实现对原始数据的自适应分解。在信号滤波方面,运用经验模态分解算法进行轴心轨迹提纯时,是将原始信号分解得到 IMF 分量,随后运用经验知识选取部分相关的 IMF 分量进行信号重构,从而达到轴心轨迹提纯的目的。因此它具有很好的保相性,在轴心轨迹应用中有着明显的优势。

EMD 算法能够基于自身信号特性进行信号分解,从而得到固有模态函数。如图 9-7 所示,该函数具有原始数据整体段落内零点数与极值数等同的数学特征,同时信号的极大值与极小

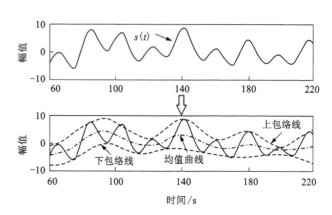

**图 9-7 EMD 分解模态函数包络线图**

值所在点构成的两条包络线平均值在任何时刻均为零,并且两条包络线关于时间轴对称分布。

EMD 流程图如图 9-8 所示,其具体步骤为:

步骤 1:求解所需要数据处理的原始信号局部极值点。

步骤 2:采用三次样条插值法对原始数据进行上下包络线拟合。

步骤 3:可构造出上下包络线的均值曲线,再将原始信号与均值曲线相减,这样得到的函数便是 EMD 模态函数。

步骤 4:模态函数不满足其自身特征要求时,即中间信号中还存在负的局部极大值和正的局部极小值时,进行重复求解。当求解的参数只包含不超过两个极值时,循环求解过程停止,满足模态函数条件。

步骤 5:对原始信号函数减去第一模态函数得到新的原始信号,重复之前的步骤得到后续的模态函数,之后类推完成 EMD 分解过程。

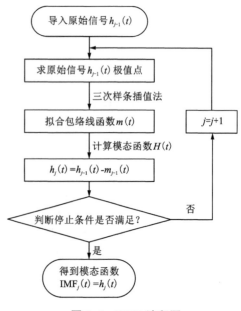

**图 9-8 EMD 流程图**

EMD 算法具有自适应性与完善性特点，但其存在的问题与不足同样突出，具体如下：

（1）模态混叠现象的产生。

通过 EMD 算法数据处理后的各模态函数存在着模态混叠现象，这种现象会使得到的模态函数不具有代表性，无法得到信号内部准确的信息，使得信号产生间歇现象。造成该现象的原因为极值点的选取步骤上出现问题。

对于信号模态混叠现象，我们可以根据以下特点进行判别：模态函数具有尺度分布广泛且各不相同的特点；同时分解而来的各模态函数具有尺度近似的特点。模态混叠现象使得各模态函数失去了原本的特征尺度，形成混杂的振荡信号，无法提取有效的信号特征。如图 9-9 所示，以加载有低幅高频间断信号的原始数据EMD 算法为例，EMD 算法分解出的模态信号中同时包含原始信号的低频与间断特征，分解出的各阶模态信号不能完全表达原始信号所包含的信号特征。

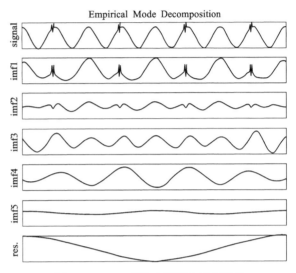

**图 9-9 EMD 算法分解模态混叠现象**

（2）末端效应现象的产生。

在 EMD 算法中，每个模态函数需要进行多次筛选，而每次筛选中，需要根据上下包络线计算出原始信号的局部平均值，但信号包络线是由信号的局部极值通过三次样条插值法得到的，而信号的端点存在无法同时处于极大值或极小值的情况。因此，上下包络在数据序列两端会发散，并且这种发散现象会因为运算过程的逐步发展而逐渐趋向内部，使得数据序列受到影响，产生末端效应。如图 9-10 所示，该仿真信

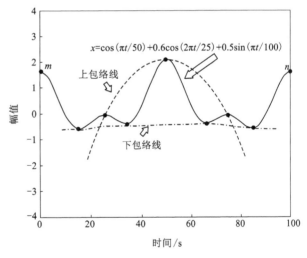

**图 9-10 EMD 算法分解末端效应现象**

号利用三次样条插值函数拟合极值包络曲线时，由于只截取部分信号，无法确定 $m$、$n$ 两个端点处是否为极值，使得拟合失效，进而影响信号的极值包络拟合质量。

### 9.3.3　集合经验模态分解算法

经验模态分解算法会带来模态混叠现象与末端效应现象的问题，这会使得数据检测与反馈的能效性和可靠性降低。集合经验模态分解算法（EEMD算法）是在经验模态分解算法的基础上进行改进，其本质上是一种通过加入噪声信号来辅助采集数据进行分解的方法。以高斯白噪声为例，由于其具有频率均匀分布的统计特性，在信号混合阶段加入不同的高斯白噪声会使原始信号的极值特性产生变化，之后对模态函数进行平均化来消除加入的高斯白噪声信号，抑制模态混叠现象的参数。因此，对电机械制动系统主轴旋转过程中采集的振动轴心轨迹信号可使用EEMD算法进行滤波降噪处理。EEMD算法采用与EMD算法相关的底层逻辑，其逻辑流程图如图9-11所示。

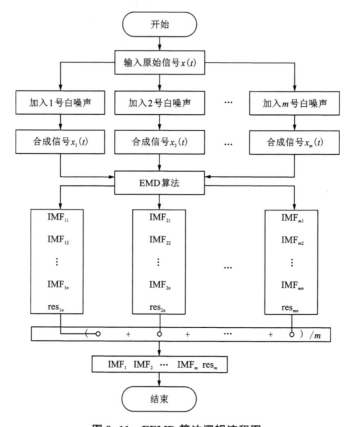

图 9-11　EEMD 算法逻辑流程图

EEMD 算法详细运行步骤与其关于振动信号分解示意图如图9-12所示。

步骤 1：输入原始信号数据 $x(t)$，初始化平均次数 $m$，添加白噪声信号 $n_i(t)$。

步骤 2：在原始信号的基础上叠加步骤1给定的白噪声信号，得到第 $i$ 次执行待分解信号，即有 $x_i(t) = x(t) + n_i(t)$。

步骤 3：对 $x_i(t)$ 信号进行 EEMD，得到一组 IMF 模态分量 $c_{ij}(t)$，以及一个余项 $k_i(t)$。其中，$c_{ij}(t)$ 表示第 $i$ 次执行时得到的第 $j$ 个 IMF 模态分量。

步骤 4：判断 $i \leqslant m$ 是否成立，若成立，则循环执行步骤 2、步骤 3 共 $m$ 次。

步骤 5：将 $m$ 组 IMF 模态分量和余项分别相加计算均值得到最终的 IMF 和余项 $k_j(t)$。其中，$k_j(t) = (1/m) \sum_{i=1}^{M} k_{ij}(t)$。

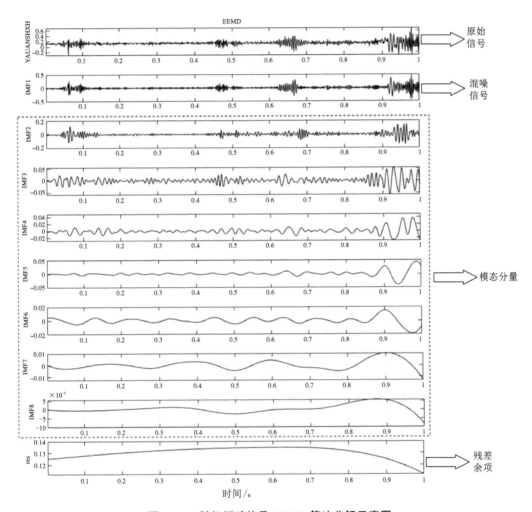

图 9-12　随机振动信号 EEMD 算法分解示意图

## 9.4　数据提纯方法

　　电机械制动系统传动轴振动信号数据经传感器采集后，进入数据存储与数据处理阶段，由于信号为平稳时间序列信号，且无法了解到信号的函数形式，故选用处理效果更好且无模态混叠与末端效应的 EEMD 算法。而原始信号经过数据分解后，会得到一连串 IMF 模态分量信号，如何从这些 IMF 模态分量信号中提取需要的模态函数，并能够反向验证所选模态函数的合理性是需要解决的问题。

振动信号数据随时间的变化曲线即为振动信号的时域波形，其信号波形内部包含电机械制动系统传动主轴的振动信息。因此，可对系统主轴旋转过程中采集得到的振动信号直接进行信号分析，以初步判断传动主轴的故障形式。因此，对由 EEMD 算法得到的分解信号的模态分量可选择时域波形相关性分析方法进行筛选，而对筛选后的 IMF 模态分量可选用能量占比分析方法进行筛选，即进行 IMF 模态函数的能量占原始信号总能量比值的计算过程。

## 9.4.1　相关系数分析

相关系数可用于计算数据间的线性相关程度，在数据分析中常用到相关系数计算方法有三种，即皮尔森相关系数、斯皮尔曼相关系数和肯德尔相关系数。皮尔森相关系数又称积差相关系数，其能够通过变量间的协方差与标准差乘积之比反映相关程度，具有计算简便及现实运用频率高的特点。斯皮尔曼相关系数为秩量运算相关系数，其通过对变量间的秩进行差值计算得到相关系数，其运算本身与数据分布无关，无须考虑数据样本量的大小。肯德尔相关系数与斯皮尔曼相关系数类似，两者均为遵循秩量计算方法，但肯德尔相关系数反映的是分类变量的相关性，且计算过程过于烦琐，仅适用于变量间有序分类的情况。考虑到现实采集振动信号的数据波形具有无序性特征，且为减少计算工作量，故采用皮尔森相关系数计算 IMF 模态分量同原始数据的相关性，其计算公式如下所示。

$$r_{AB} = \frac{\text{Cov}(A, B)}{\sigma_A \sigma_B} = \frac{\sum_{i=1}^{N} (A_i - \overline{A})(B_i - \overline{B})}{\sqrt{\sum_{i=1}^{N} (A_i - \overline{A})^2} \sqrt{\sum_{i=1}^{N} (B_i - \overline{B})^2}} \tag{9-1}$$

式中：$r$ 为相关系数；Cov 为协方差；$\sigma$ 为标准差；$A$ 为 IMF 模态分量数据；$B$ 为原始数据；$N$ 为数据长度。

## 9.4.2　能量占比分析

经过 EEMD 算法得到的一系列 IMF 模态函数在计算相关系数后，能够筛选出与原始数据相关度最高的 IMF 模态分量。为验证所选 IMF 模态分量选取的合理性，需要在相关系数计算后加入合适的数据验证方法。能量占比方法代表分量函数能量在原始数据能量中所占的比重，能量占比越大，表示该 IMF 模态分量在原始信号中的能量越大，占比越大；能量占比越小，则表示其在原始数据中有效信息所占比重越小。由于振动信号数据的采集主要是依靠传动轴旋转过程中的故障进行反馈，因此在原始信号内部，真实信号的相关系数与能量占比指标通常来说都应该占较大的比例。故可采用能量占比分析方法对相关系数分析得到的数据进行后处理，以此验证 IMF 模态分量选取的合理性。由于传感器采集的振动信号与数据分解得到的 IMF 模态分量信号均为离散时间信号，故能量占比计算公式如下所示。

$$e_k = \frac{E_{\text{IMF}}}{E} = \frac{\sum_{i=1}^{N} A_i^2}{\sum_{k=1}^{M} \sum_{i=1}^{N} A_i^2} \tag{9-2}$$

式中：$e$ 为能量占比；$E_{\mathrm{IMF}}$ 为各 IMF 分量信号能量值；$E$ 为所有 IMF 分量信号能量总和或原始信号能量值；$A$ 为 IMF 模态分量数据；$M$ 为 IMF 模态分量数量。

## 9.5　数据处理程序设计

根据轴心轨迹提纯理论原理，需要对制动系统进行试验研究。为绘制能够反映传动主轴振动故障信息的轴心轨迹图，我们需要依靠合理的程序支持数据的采集、存储、分解、分析和显示等步骤。轴心轨迹提纯程序设计流程图如图 9-13 所示，其主要由四个程序步骤组成。首先，传感器采集的信号经控制器输出至电脑，此时需要合理的数据采集与存储程序，将原始信号保存为便于进一步处理的数据文件形式。其次，保存文件数据需要有适宜的 EEMD 算法程序对其进行数据分解，从而得到包含振动故障信息的 IMF 模态分量数据。再次，需要能够分离有效信息与干扰信息的数据处理程序，并对一系列 IMF 模态分量进行筛选提纯，从而得到绘制轴心轨迹的最终数据。最后，依靠轴心轨迹绘制程序，将信号波形进行合成，从而得到振动故障特征轴心轨迹图。

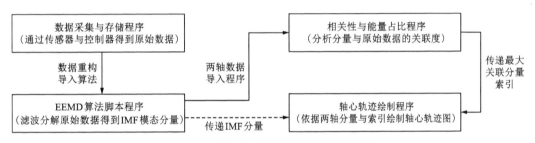

**图 9-13　轴心轨迹提纯程序设计流程图**

无论是数据采集程序，还是数据处理程序，都需要合理的编程软件平台进行程序编写。由于 cSPACE 控制器的运行是基于 MATLAB/simulink 平台进行控制的，因此，数据的采集与存储程序需要依靠 MATLAB/simulink 进行编程。因存储的数据为离线数据，故采用图形化编程软件中程序编写较为简易的 Labview，进行后续数据处理程序的编写。

### 9.5.1　数据采集存储程序

数据采集程序采用 Simulink 软件平台进行编写，能够配合 cSPACE 控制器的运行环境得到传感器输送的数据波形。如图 9-14 所示，数据采集程序接收传感器信号单元为 AD_OutRead 模块，其能够将传感器模拟信号转变为数字信号传输至上位机中。AD_OutRead 模块共有六个信号

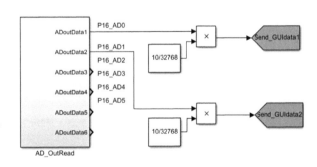

**图 9-14　数据采集程序图**

接口，均能够与 cSPACE 控制器外部传感器接口一一对应。由于绘制轴心轨迹图至少需要两个正交分布的传感器，因此选择接口 AD0 与 AD1 同外部传感器进行连接。又有传感器采集数据经过控制器输入至程序中时为 int16，数据范围为 $[-32768, 32767]$，采集精度为 $1/65535$。对应关系的当数值为 0 时，外部模拟电压为 0 V；当数值为 32767 时，外部模拟电压为 10 V；当数值为 -32768 时，外部模拟电压为 -10 V。当 ADoutData$x(x=0, 1, 2, 3, 4, 5)$ 数值为 $X$ 时，外部模拟电压为 $Y(Y=X/3276.8)$，同时信号经过转换后，会传输至 Send_GUIdata 模块，该模块与 Cspacewatch 显示软件相连。如图 9-15 所示，采集信号经 Send_GUIdata 模块显示于前面板窗口，该显示窗口依托 Labview 软件进行开发，能够在 cSPACE 控制器运行过程中实时采集传感器信号，同时能够将采集信号以 txt 格式自动保存在当前 MATLAB 工作路径下，方便对历史数据进行分析处理。

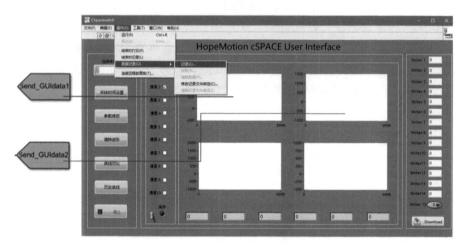

图 9-15  数据存储步骤图

## 9.5.2  数据分解程序

数据分解程序采用 EEMD 算法于 Labview 软件平台进行编程。由于 EEMD 算法数据流程过于烦琐，故采用 Labview 软件中联合编程模块 MATLAB script 进行编程。该编程节点能够实现 C 语言和 MATLAB 语言的混合编程目标。在 Labview 中，MATLAB script 节点是一个可以嵌入 MATLAB 代码的节点。它能够在 Labview 中使用 MATLAB 代码来处理数据，同时将 Labview 的数据采集和控制功能与 MATLAB 的计算和分析功能相结合。如图 9-16 所示，将 EEMD 算法的 MATLAB 代码复制到节点

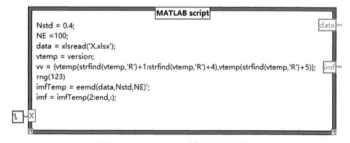

图 9-16  EEMD 算法程序图

中，并将其与其他 Labview 节点相连，信号的输入为外接数据文件，代码处理后输出原始信号数据 data 与模态分量数据 IMF。这使得我们可以使用 MATLAB 中的工具箱和函数来处

理 Labview 中的数据。总而言之，MATLAB script 节点为 Labview 软件平台提供代码编写功能，能够调用 MATLAB 的计算和分析功能，同时利用 Labview 的数据采集和控制功能。

## 9.5.3　数据提纯程序

采集数据通过 EEMD 算法程序会得到分解后的模态函数 IMF 与原始数据 data，如图 9-17 所示，将模态函数 IMF 与原始数据 data 导入相关系数计算与能量占比分析程序中。IMF 分量共有 8 组数据波形，需要通过信号分量提取步骤将其进行筛分。一方面，由于 IMF 数据类型为数组型，因此选用索引数组函数块进行信号提取，将筛分出的各 IMF 分量与原始数据 data 同时导入相关系数计算函数块中，能够得到各 IMF 分量同原始信号 data 的相关系数值。另一方面，经过提取的 IMF 分量数据经过平方和的运算后，将数据导入能量占比分析程序中，该程序能够计算得到各 IMF 分量能量值占原始信号 data 能量值的比例情况并绘制图像。同时，经过相关系数计算的数据通过 IMF 分量最大关联度索引子程序能够自动将 8 组 IMF 分量中相关系数最高的分量索引至后续的轴心轨迹图像绘制程序中，便于后续数据的处理。

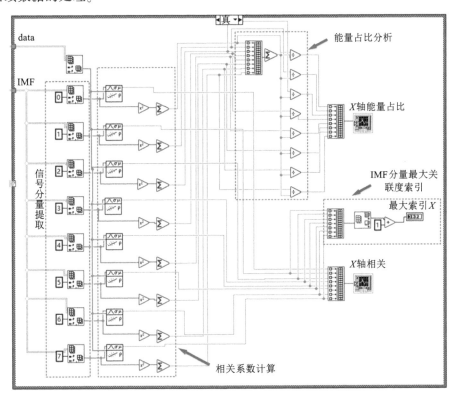

**图 9-17　相关系数计算与能量占比分析程序图**

## 9.5.4　数据图像处理程序

经过计算相关性的程序处理后，程序自动筛选出相关系数最大的 IMF 分量并进行保存，随后将最大相关系数 IMF 索引返回轴心轨迹图像绘制程序中，如图 9-18 所示。轴心轨迹图像绘制程序对输入的 IMF 分量进行筛选得到最大值，之后对现实中 $X$ 轴与 $Y$ 轴数据分量进行数据整合后，可绘制出反映轴心轨迹的 $XY$ 图。

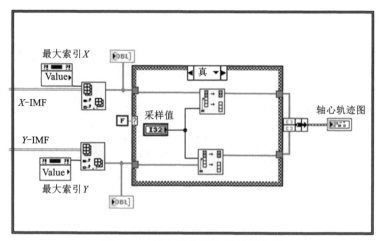

图 9-18　轴心轨迹图像绘制程序图

## 9.6　数据处理程序仿真验证

为分析设计的轴心轨迹提纯程序运行的可靠性，以转子不平衡为例，采用模拟试验的方法人为设置初始振动数据加入函数波形中，使得初始数据带有噪声信号以模拟实际条件下的运行情况；随后以 Labview 程序处理模拟数据，通过观察处理后的数据绘图情况来判断程序的功能性。由于通过改变三角函数的幅值与相位值可以得到稳定波形的正余弦波，故设置标准椭圆函数关系以模拟转子不平衡故障，如下所示。

$X$ 轴仿真波形函数：

$$X = 9\sin(80\pi t) \tag{9-3}$$

$Y$ 轴仿真波形函数：

$$Y = 3\sin(80\pi t + \pi/6) \tag{9-4}$$

在模拟故障信号的 Labview 程序中设置白噪声波形幅值为 0.4，采样值为 1000，并将其加入函数波形中以模拟 $X$ 轴与 $Y$ 轴传感器采集数据，从而得到转子不平衡故障模拟信号图如图 9-19 所示。

经过程序的计算，可在程序前面板显示 $X$ 轴与 $Y$ 轴的相关系数和能量占比柱形图，经过处理，将数据重新绘制成如图 9-20 所示的图像。其中，0~7 条数据分别对应 IMF 1~8 分量，由图 9-20 可知，$X$ 轴相关系数最大值为 0.996，位于 IMF 3 分量处，$X$ 轴能量占比也反映 IMF 3 分量所含 $X$ 轴原始数据能量最大；$Y$ 轴相关系数最大值为 0.987，位于 IMF 3 分量处，$Y$ 轴能量占比最大值也位于 IMF 3 处。

在程序计算出各轴相关系数后，会将相关系数最大值索引进行保存，随后在程序第二次循环运行中将最大值索引返回轴心轨迹绘制程序中。程序自动根据索引筛选经过 EEMD 算法分解得到 8 个 IMF 分量，将 $X$ 轴数据的 IMF 3 分量与 $Y$ 轴数据的 IMF 3 分量绘制成形

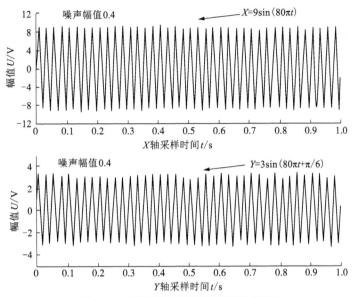

**图 9-19　转子不平衡故障模拟信号图**

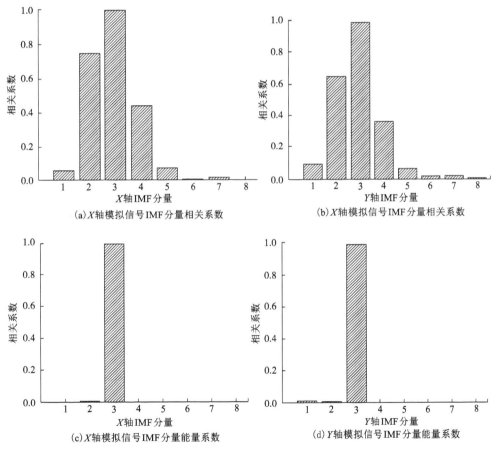

(a) $X$ 轴模拟信号 IMF 分量相关系数

(b) $X$ 轴模拟信号 IMF 分量相关系数

(c) $X$ 轴模拟信号 IMF 分量能量系数

(d) $Y$ 轴模拟信号 IMF 分量能量系数

**图 9-20　模拟信号相关性与能量占比图**

状规则的椭圆形轴心轨迹图，如图 9-21
所示。通过图像可知，设计的 Labview 程
序基本能够实现过滤原始采集数据中因振
动产生的噪声，并提纯原始数据中有效成
分，进而绘制出反映旋转机械运行故障的
轴心轨迹。

为分析程序降噪能力，以 $Y$ 轴模拟数
据为例，绘制其原始数据时域图、加噪数

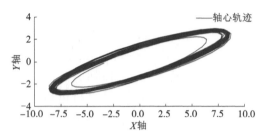

图 9-21　模拟信号轴心轨迹图

据时域图、降噪数据时域图，如图 9-22 所示。通常情况下，噪声信号集中在频域信号的高
频区，特征信号集中于低频区。由图 9-22 可知，数据在加噪后时域图产生较大干扰，同时
频谱图频率对应的幅值曲线起伏不定，难以读取信息；经过降噪程序后的信号时域图波形
的杂乱噪声得到一定平息，而频谱图频率大于 100 Hz 时噪声信号得到一定消除，幅值逐渐
平稳。

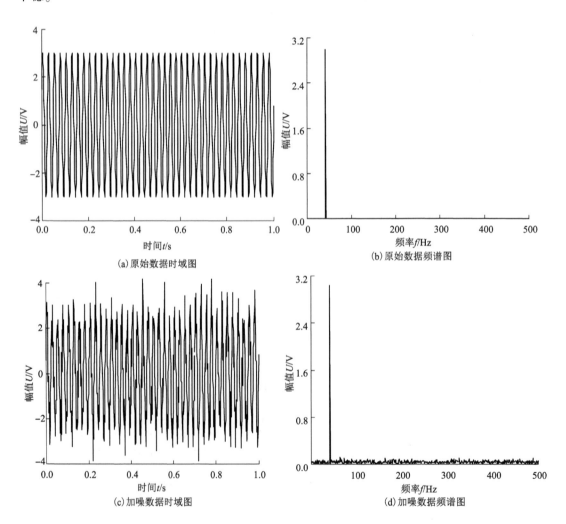

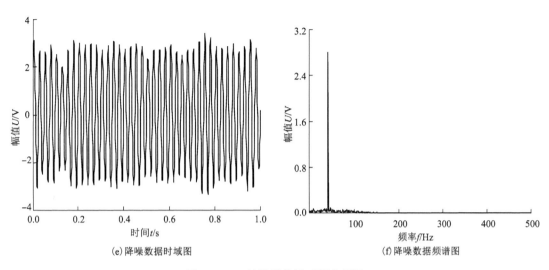

(e) 降噪数据时域图　　　　　(f) 降噪数据频谱图

**图 9-22　Y 轴模拟信号时频分析图**

## 9.7　传动轴振动轴心轨迹提纯试验

依靠设计的程序和电机械制动系统试验台可制定试验研究方法。电机变频器控制系统主轴电机转动，电磁离合器连接电机轴与系统主轴，主轴激光位移传感器采集主轴中部振动位移信号，cSPACE 控制器接收各传感器信号并进行数据处理。

### 9.7.1　试验平台搭建

试验过程需要测量传动轴不平衡故障工况下振动位移量，因此需要使用非接触式测距仪进行试验，结合试验条件选用两组博亿精科的 BL-30 NMZ 激光位移传感器，如图 9-23 所示，激光位移传感器详细参数如表 9-1 所示。

**图 9-23　BL-30 NMZ 激光位移传感器**

**表 9-1　BL-30 NMZ 激光位移传感器参数**

| 技术指标 | 性能参数 |
| --- | --- |
| 检测中心 | 30 mm |
| 检测范围 | ±5 mm |
| 重复精度 | 0.01 mm |
| 电源电压 | 12~24 V |
| 反应时间 | 1.5 ms/5 ms/10 ms |
| 模拟量输出 | 0~5 V/4~20 mA |

激光位移传感器利用三角测距的测定原理，传感器内部设置有激光发射器，可通过镜头将激光射向被测物体表面，通过被测物反射回到接收器。根据这个角度及已知的激光和相机之间的距离，数字信号处理器就能计算出传感器和被测物体之间的距离，之后通过采集芯片算法转换成模拟量输出到外部电路。

由于数据采集过程中需要得到旋转轴截面处周期性振动位移数据，故需要将传动轴激光位移传感器垂直于主轴进行正交分布安装。为满足传感器安装条件，设计如图9-24(a)所示的传感器支架，该支架由钢管与十字连接件搭建而成，能够保证传感器采集处于同一截面，并且能减少试验台运作过程中对传感器采集的振动影响。试验中激光位移传感器安装方位如图9-24(b)所示。

(a) 传感器支架         (b) 传感器无接触安装方位

图9-24 激光位移传感器布置图

电机械制动系统平台转筒主轴部分通过三相异步电机提供旋转动力，以变频器来控制电机转速，通过电磁联轴器连接电机轴与制动盘主轴。进行转子不平衡试验时，为了人为增大主轴旋转过程中的振动幅度，采用在试验平台两转盘处附加配重块的措施。金属配重块共四块，每块配重块净重为0.402 kg，采用螺栓与转盘连接，安装方位为每个转盘安装两块配重块，转盘之间配重块安装方位如图9-25所示。

(a) 配重块实物         (b) 配重块安装方位

图9-25 附加配重块实物安装图

## 9.7.2  不平衡故障频谱分析

进行旋转不平衡试验时，为保证试验安全性，通过电机变频器设置电机转速为 5 rad/s。随后运用激光位移传感器采集得到实时数据，此时设置采样频率为 1000 Hz。取电机运行过程中采集到的某一秒数据，随后将数据导入 Labview 中，对 $Y$ 轴原始数据进行频谱分析，如图 9-26 所示。由频谱波形可知，原始信号特征频率为 5 Hz，幅值谱伴随有二倍频。根据转子不平衡特征可知，主轴振动主频率同电机转

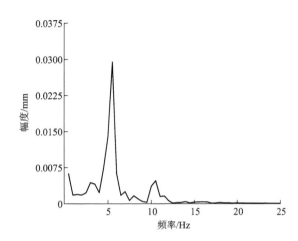

图 9-26  原始信号频谱分析图

速一致会导致主轴旋转过程中具有转子不平衡故障。

## 9.7.3  传动轴振动轴心轨迹绘制

采集的原始振动数据经过 EEMD 程序会得到 8 个 IMF 重构分量，经过数据处理程序运行后，可得到各分量相关系数与所占原始数据能量的大小，导出汇总后如表 9-2 所示，之后依据相关系数与能量占比数据绘图，其结果如图 9-27 所示。由图 9-27 可知，$X$ 轴与 $Y$ 轴数据中 IMF 6 分量的相关系数最大，表示其最能够反映原始数据的特征信息；同时两轴 IMF 6 分量的能量占比均最高，这代表原始信号经过 EEMD 后保留数据能量最高的分量为 IMF 6，这间接证明分量同原始数据的相关性能够由相关系数代表。

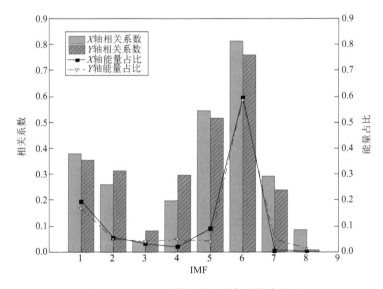

图 9-27  IMF 分量相关系数与能量占比图

表 9-2　转子不平衡试验相关能量表

| 参数 | IMF | 1 | 2 | 3 | 4 | 5 | 6 | 7 | 8 |
|---|---|---|---|---|---|---|---|---|---|
| 相关系数 | $X$ | 0.381 | 0.260 | 0.040 | 0.197 | 0.547 | 0.815 | 0.292 | 0.086 |
| | $Y$ | 0.356 | 0.312 | 0.080 | 0.296 | 0.515 | 0.758 | 0.237 | 0.007 |
| 能量占比 | $X$ | 0.195 | 0.055 | 0.032 | 0.021 | 0.091 | 0.598 | 0.005 | 0.002 |
| | $Y$ | 0.169 | 0.050 | 0.042 | 0.047 | 0.042 | 0.587 | 0.050 | 0.013 |

　　将经过提纯的 IMF 6 分量数据导出，与原始数据绘制成如图 9-28 所示曲线图。结果表明，经过 EEMD 算法分解得到的 IMF 分量在程序的自动提纯下生成重构的 IMF 6 分量，重构的 IMF 6 分量可滤去绝大部分振动白噪声信号，使得 $X$ 轴与 $Y$ 轴数据能够保留原始数据中的特征信息。随后两轴 IMF 6 分量经过轴心轨迹绘图程序，得到制动盘主轴运行过程中的轴心轨迹图，如图 9-29 和图 9-30 所示，观察图像可知，主轴旋转 5 周后所得轨迹基本呈椭圆形。对比原始信号轴心轨迹可知，信号得到充分降噪，直观显示主轴在旋转过程中一直处于不平衡故障状态，与之前频谱分析一致。

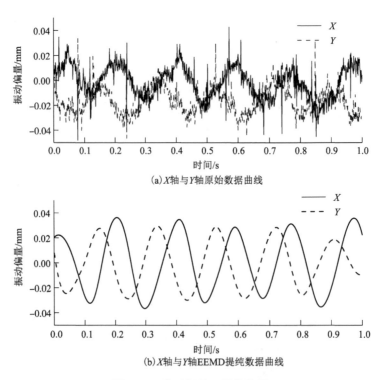

(a)$X$轴与$Y$轴原始数据曲线

(b)$X$轴与$Y$轴EEMD提纯数据曲线

图 9-28　实验提纯双轴曲线图

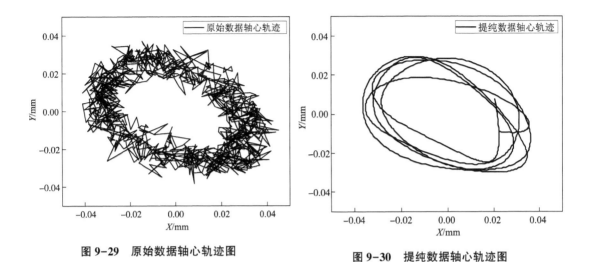

图 9-29 原始数据轴心轨迹图 　　　　　　　　图 9-30 提纯数据轴心轨迹图

## 9.8 本章小结

　　本章以电机械制动系统制动盘传动主轴为研究对象,为分析制动盘主轴运转过程中的不平衡故障信息,设计了轴心轨迹离线提纯程序。以集合经验模态分解算法编写的轴心轨迹提纯程序为基础,选择在转盘单侧附加配重块的方法设计了转子不平衡故障试验。结果显示,滤波重构后的 $X$ 轴与 $Y$ 轴 IMF 分量在经过相关分析与能量分析后,IMF 6 分量相关系数为 0.8 左右,能量占比为 0.5 以上,能够视为有效成分。随后程序自动将两轴的 IMF 6 分量进行信号重构绘制成试验轴心轨迹图。根据图像对比可知,主轴不平衡轴心轨迹为标准椭圆形,该提纯方法有效提取并显示了电机械制动系统制动盘主轴的不平衡故障。

# 第 10 章

# 电机械制动系统振动故障检测与减振分析

## 10.1 制动系统振动故障应急制动分析

电机械制动系统制动盘传动轴在模拟矿井提升机滚筒旋转的过程中，可能出现的转子不平衡故障，能够通过轴心轨迹提纯方法进行检测与预警。通过上述章节能够了解到，单纯的振动故障检测仅仅能够进行数据的离线分析，无法对制动系统进行在线的故障反馈控制，而 cSPACE 控制器的主要功能便是在线闭环反馈控制。因此，需要合理利用 cSPACE 控制器的反馈控制功能与电机械制动器对转子不平衡振动故障类型进行应急制动分析。

本章基于 Simulink 平台搭建的反馈控制模型，对电机械制动系统故障检测进行应急制动处理。其主要实施原理为，通过多个激光位移传感器及转速编码器对制动系统进行实时监测，将采集数据反馈至控制器进行数据处理，之后下发至电机驱动器进行力矩电机的调速控制。

### 10.1.1 振动故障反馈原理

以转子不平衡故障为研究主体，转子不平衡可分为刚性转子不平衡和挠性转子不平衡，图 10-1 为电机械制动系统转子不平衡质量简化图。图中，$m$ 为配置块的质量，$M$ 为传动轴惯性轮的质量，$F$ 为传动轴惯性轮随着配置块质量偏心后产生的离心力，$L$ 为配置块的偏心距，$\omega$ 为传动轴惯性轮旋转角速度。

#### 10.1.1.1 惯性轮质量不平衡数学模型

根据图 10-1 表示的传动轴惯性轮转动到某一处的不平衡质量简化图，可以得到计算方程。运动轨迹内配置块法线方向的加速度为 $a$：

$$a = \frac{V^2}{L} = L\omega^2 \tag{10-1}$$

则传动轴惯性轮随着配置块质量偏心后存在产生的离心力 $F$：

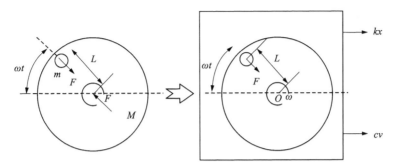

图 10-1　电机械制动系统转子不平衡质量简化图

$$F = ma = mL\omega^2 \tag{10-2}$$

故传动轴惯性轮转动至 $x$ 处的运动方程为：

$$M\ddot{x} + c\dot{x} + kx = mL\omega^2 \sin\omega t \tag{10-3}$$

式中：$c$ 为阻尼常数；$k$ 为弹性系数，N/cm。

令 $k = M\omega_n^2$，$c = 2M\omega_n\zeta$，代式（10-3）得传动轴质心运行轨迹特解为：

$$x = \frac{(mL/M)r^2}{\sqrt{(1-r^2)+(2\zeta r)^2}}\sin\left[\omega t - \arctan\left(\frac{2\zeta r}{1-r^2}\right)\right] \tag{10-4}$$

式中：$\omega_n$ 为自然频率；$\zeta$ 为阻尼因子；$r$ 为频率比。

对传动轴质心运行轨迹进行分析可以得出以下结论：

（1）运行轨迹振幅与频率比和阻尼因子呈非线性关系，与配置块质量成正比，与传动轴惯性轮质量成反比。

（2）振动基频振动一倍突出，转频振动成分大于或等于其通频振动的 80%。

（3）不平衡力具有一定的方向性，离心力在径向基本是均匀的，轴及支承轴承的运动轨迹近似为一个圆，然而，由于轴承座的垂直支承刚度大于水平方向，所以正常的轴及支承轴承的运动轨迹为椭圆；即正常情况下水平方向振动为垂直方向振动的 1.5~2.0 倍。

（4）时域波形为正弦波，频谱图由基频伴有较小的高次谐波组成，轴心轨迹为椭圆，其相位稳定同步正进动。

### 10.1.1.2 惯性轮故障反馈制动流程

根据传动轴质心运行轨迹及运动特征可知，转子不平衡力具有一定的方向性，轴承座的垂直方向的支承刚度大于水平方向，所以系统主轴的运动轨迹为椭圆，即正常情况下水平方向振动位移为垂直方向振动位移的 1.5~2.0 倍，若超出这个范围，则可能存在共振问题。故可将其作为控制节点，设计故障反馈制动流程图，如图 10-2 所示。

其主要工作流程为：主轴旋转过程中振动信号通过激光位移传感器采集至 cSPACE 控制器中，经过计算得到主轴径向垂直与水平方向上的最大振动位移量，判断是否满足椭圆轨迹条件，以此向制动器力矩电机驱动器发送不同电压指令，达到紧急制动的目的。为防止制动器产生制动回弹现象而无法正常制动，采用在制动器闸瓦轴端安装激光位移传感器的方法，测量制动导程防止制动器回弹。同时，将制动器端采集的制动导程时间信号与力矩电机端编码器采集的转速时间信号进行对比，得到故障反馈制动性能数据。

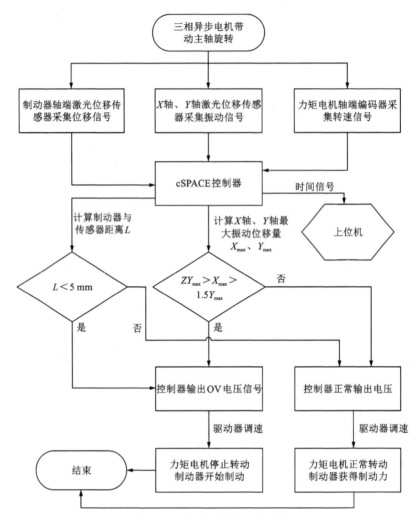

图 10-2　故障反馈制动流程图

## 10.1.2　故障反馈控制程序

为完成电机械故障发生控制反馈流程，cSPACE 控制器作为其核心硬件，需要对其内部控制程序进行编写，具体实施步骤为：首先需要搭建适用于控制器的软件开发平台，为程序编写、导入与运行工作提供合适的环境；之后利用 Simlink 软件结合故障反馈制动流程，编译满足实际条件的电机械工作反馈在线控制程序。

### 10.1.2.1　cSPACE 控制器开发软件环境搭建

由于电机械制动控制系统采用 cSPACE 控制器作为其核心控制硬件设备，而且 cSPACE 控制器内部采用 TI 公司 C2000 系列的 DSP 芯片，因此需要对 cSPACE 控制器开发软件环境架构进行搭建，如图 10-3 所示。其中 Code Composer Studio 9.0（CCS 9.0）包含一

整套用于开发和调试嵌入式应用的工具。它包含适用于每个 TI 器件系列的编译器、源码
编辑器、调试器、描述器、仿真器等。Control SUITE 3.4.5 是一套用于 C2000 微处理器且
较为全面的软件基础设施和软件工具集，旨在最大程度缩短软件开发时间。并且 Control
SUITE 在每个开发和评估阶段都提供了程序库和示例，例如特定器件的驱动程序和支持软
件，以及复杂系统应用中的完整系统示例。C2000 Simulink 工具箱包括底层驱动程序、优
化库和外设示例，能够适用于电机控制与数字电源应用控制。

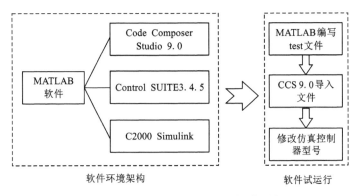

图 10-3　cSPACE 控制器开发软件环境

### 10.1.2.2　程序编译

由于 cSPACE 控制器是基于 MATLAB/Simulink 编程运行的，所以设计制动器故障反馈
控制程序如图 10-4 所示。程序中 AD 模块代表激光位移传感器采集输入端口，
WM_DAC16_1 代表电压输出驱动器端口。其主要流程为程序导入控制器后，可通过上位
机设置力矩电机电压初始值，使电机压缩进而使制动器产生预紧力。主轴激光位移传感器
采集的信号经换算及调零后，通过控制节点的调节实现输出零电压的目的，随后经驱动器

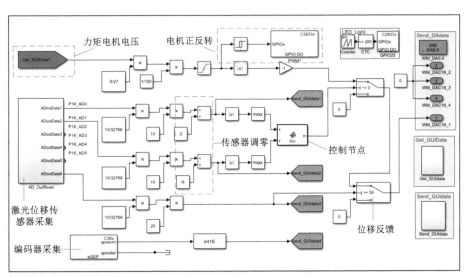

图 10-4　故障反馈控制程序

控制电机断电实现制动。图中的位移反馈模块是为了防止制动响应时间过长而使控制节点信号变更导致制动失效,当进行制动响应时该模块可使制动有且仅有一次进行。编码器采集的 Send_GUIdate4 与制动器端激光位移传感器采集的 Send_GUIdate3 数据对比可得出制动响应时间。

故障反馈控制程序需要满足传动轴质心水平方向振动位移为垂直方向振动位移的 1.5~2.0 倍的条件,将其视作控制节点并以此设计程序。为缩减程序编写的任务量,利用 Simulink 软件中的 MATLAB function 程序节点功能对其进行程序编译,如图 10-5 所示。

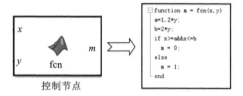

图 10-5　控制节点程序

### 10.1.3　故障反馈控制试验台搭建

依靠 cSPACE 控制器可采集到主轴运转情况下振动位移数据,从而绘制轴心轨迹图。同时,主轴不平衡故障在轴心轨迹图上的特征之一为水平方向上的振动位移量为垂直方向振动位移量的 1.5~2.0 倍。故可根据此特征设计制动系统故障反馈制动试验,在制动器轴端安装激光位移传感器,以测量制动导程与反应时间,其安装方位如图 10-6(a) 所示;制动器电机端安装光电编码器用以采集电机启动与停止转动时的时间参数,其安装方位如图 10-6(b) 所示。

(a)制动器端位移传感器安装方位　　　　　(b)力矩电机端光电编码器安装方位

图 10-6　故障反馈制动试验传感器安装方位图

为了得到力矩电机的实时转动信号,电机械制动系统试验台在力矩电机尾部一端安装 E6B2-CWZ6C 欧姆龙光电旋转增量式编码器,并通过支架固定编码器,使编码器垂直于电机,其实物如图 10-7 所示。光电编码器测量设备转速具有低惯量、低噪声和高精度等优点。其中,光电编码器主要由光源、码盘、检测光栅、光敏管和转换电路等组成,如图 10-8 所示。光电编码器利用光电转换原理,在码盘上等间距刻录了辐射状透光缝隙,相邻两个透光缝隙之间为一个增量周期。检测光栅上刻有 A,B 两组与码盘相对应的透光缝隙,以达到通过或遮挡光源与光电检测器件之间的光线的目的。检测光栅上透光缝隙的间距和码盘上的间距相等,并且两组透光缝隙之间相差 1/4 间距,这样使得光敏管输出的信号在相位上相差 90°的电度角。编码器工作时,检测光栅不动,码盘随被测转轴转动,光线透过码盘和检测光栅上的透光缝隙照射到光敏管上,光敏管就输出两组近似正弦波的电信号(相位相差 90°),电信号经过电路的转换处理,即可得到被测轴的转角或速度信息。

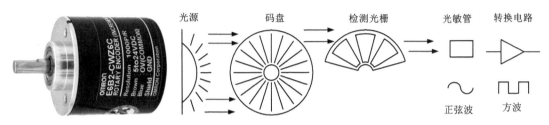

图 10-7　光电编码器　　　　图 10-8　光电编码器工作原理

E6B2-CWZ6C 欧姆龙光电旋转增量式编码器性能参数如表 10-1 所示,其信号转换原理为内部元件识别电机旋转转化来的高频脉冲信号,并将其通过转换公式还原为电机实时转速。由于电机绝大部分处于非高速转动状态,因此光电编码器内部采用周期法对电机进行测速,其计算公式为:

$$n = \frac{60 \cdot f}{RP \cdot M} \tag{10-5}$$

式中:$f$ 为计数频率;$RP$ 为编码器分辨率;$M$ 为编码器相邻两个脉冲之间的计数值。

表 10-1　E6B2-CWZ6C 欧姆龙光电旋转增量式编码器参数

| 技术类型 | 性能参数 |
| --- | --- |
| 电源电压 | DC 5 V-5%至 24 V+15% |
| 分辨率 | 2000P/R |
| 响应频率 | 1000 Hz |
| 输出形式 | 采电极开路输出 |
| 输出相 | A、B、Z 相 |
| 输出相位差 | AB 相位差 90°±45° |
| 允许最高转速 | 6000 r/min |
| 环境温度 | −10~70℃ |

## 10.1.4　故障反馈控制试验

制动系统故障反馈控制试验研究方法如图 10-9 所示。试验准备阶段,首先对主轴径向两激光位移传感器进行调零,使其初始点位移为零。设置力矩电机电压为 16 V,使制动器储存制动力并脱离闸盘处于压缩状态。随后将主轴通过三相异步电机进行旋转带动,在保证安全性的前提下，设置电机转速为 1 rad/s，之后通过上位机可观察到两传感器位移偏移量稳定为 0.02 mm。调节制动器端位移传感器为 5.3 mm，在保证制动过程中，cSPACE 控制器可快速抑制制动器回弹，从而避免制动失效问题发生。

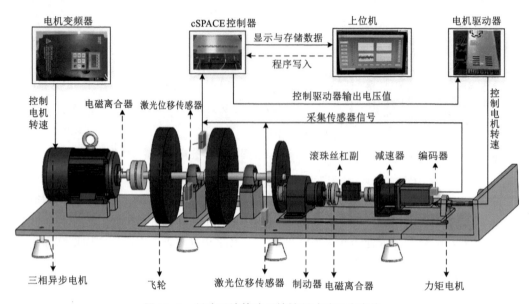

图 10-9　制动系统故障反馈控制试验研究方法

试验过程中，基于安全性原则以及对试验的简化，某一时刻给予 $X$ 轴激光位移传感器一个远离主轴轴心方向的位移扰动，使 $X$ 轴位移偏移量满足不平衡故障特征，得到如图 10-10 所示的位移偏移量图。从图中能够看出不平衡故障扰动节点时间 $T_1 = 0.663$ s，位移偏移量 $F = 0.0322$ mm，满足反馈程序制动条件。

随后，制动器力矩电机收到断电指令，制动器开始释放内部压缩力使得电机转动，并

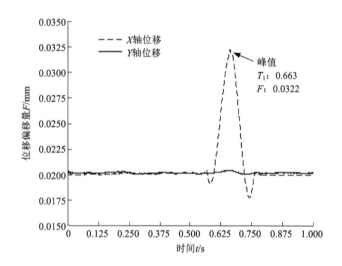

图 10-10　主轴径向振动位移偏移量图

使制动器闸瓦压向制动盘完成制动。此时可得到制动器轴端安装的编码器与位移传感器采集的数据，如图 10-11 和图 10-12 所示。

由图 10-11 可知，电机端编码器采集电机转动时间为 $T_{21} = 0.766$ s，截止时间为 $T_{22} = 1.893$ s；由图 10-12 可知，制动器闸瓦端位移传感器采集制动导程开始时间为 $T_{31} =$

0.776 s，截止时间为 $T_{32}=1.941$ s。制动系统从得到故障信号到制动电压输出所用时间为
0.103 s 左右，处于正常反应时间之内。同时，制动器电机转动至压缩力释放所用时间为
0.01 s，制动完成所用时间为 1.175 s，处于制动合理时间之内。试验验证了设计故障反馈
制动控制程序能够有效完成电机械制动系统主轴不平衡故障发生时所需的紧急制动行为，
为电机械制动系统故障反馈研究提供合理参考。

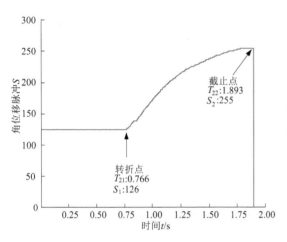

图 10-11　制动器电机角位移图　　　　　图 10-12　制动器制动导程图

## 10.2　制动器附加消音片制动减振分析

　　电机械制动系统运行过程中不可避免地会产生振动，由上述内容可知，过大的振动会
使旋转机械产生轴心轨迹故障问题，同时制动盘旋转振动故障会使制动盘与制动闸之间发
生不平稳接触，导致制动器产生额外的振动与噪声，从而直接影响制动器制动过程中的制
动效果，增大信号处理过程中的有效信息提取难度。为合理抑制振动与噪声的产生，提高
制动性能，需要对制动器主体进行减振降噪处理与分析。

### 10.2.1　消音片减振原理

　　消音片作为制动领域抑制振动与噪声的传统部件，具有多种不同材料与结构形式，性
能也各不相同。消音片结构由胶衬、黏性层、钢板和弹性层组成，整体厚度在 1 mm 左右。
其中，弹性层在消音片起到消音减振的作用，钢板起到支撑作用，内侧的黏性层部分可以
视为阻尼层，起到吸收能量的作用，从而降低制动块与闸瓦座之间的振动，用以抑制电机
械制动器内部振动。消音片需要裁剪为正方形，并打孔同制动块内部螺栓相匹配，其结构
与安装方位示意图如图 10-13 所示。

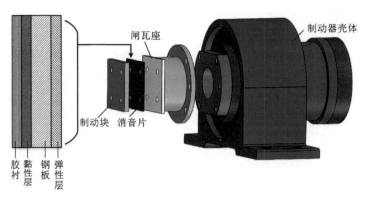

图 10-13　消音片结构与安装方位示意图

## 10.2.2　减振测试试验台搭建

### 10.2.2.1　试验台硬件结构

为测试制动器附件消音片的措施能否达到在制动过程中减振的效果，需要对电机械制动系统进行改装，搭建减振测试试验台，如图 10-14 所示。为采集电机械制动系统制动过程中的振动幅值，选用振动加速度传感器作为振动信号采集硬件，同时在制动闸瓦前端设置激光位移传感器，采集制动过程中闸盘闸瓦之间的间隙变化量与制动发生时间量。

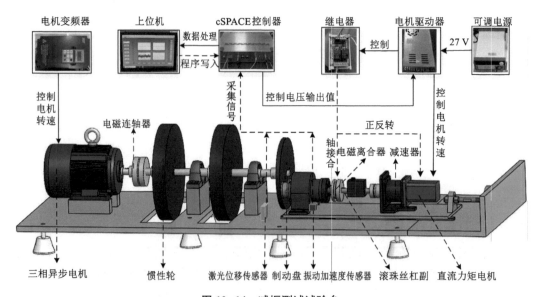

图 10-14　减振测试试验台

激光位移传感器与进行故障反馈控制试验时所设置的位置相同，并且在制动器闸瓦座处安装激光挡板，使激光位移传感器能够有效接收发射的激光，以采集位移变化量数据。振动加速度传感器选用 ZC1005 型 IEPE 加速度传感器，其工作量程为 100 g，工作灵敏度为 50 mV/g，设置有磁吸底座，能够安装在制动器壳体外表面，如图 10-15 所示。

同时，振动加速度传感器需要恒流适配器进行信号增益与电源供应，选用 ZC5201 单通道恒流适配器进行试验，该设备可选用 10 倍增益模式对振动采集信号进行调节，如图 10-16 所示。

**图 10-15　ZC1005 型 IEPE 加速度传感器安装示意图**　　　**图 10-16　ZC5201 单通道恒流适配器**

### 10.2.2.2　试验台软件设计

试验台使用激光位移传感器与振动加速度传感器进行信号的采集工作，因此需要使用控制器两接口与传感器连接，于 Simulink 平台编写信号采集程序，如图 10-17 所示。设置 AD0 接口为激光位移传感器接口，实际上，位移传感器采集的信号为 25~35 mm 的位移偏差信号，为使其转换为实际与激光挡板之间的距离，需要在采集的信号数值上附加 25 mm 的增量。同时，设置 AD1 接口为振动加速度传感器的接口，由于其工作灵敏度为 50 mV/g，需要将采集信号转换为振动加速度，于程序中设置转换公式。试验中采用 Get_GUIData1 作为制动器力矩电机的电压输入端口，以控制力矩电机的实时转速，并且采用 Get_GUIData2 作为制动器传动轴电磁离合器的通电开关。

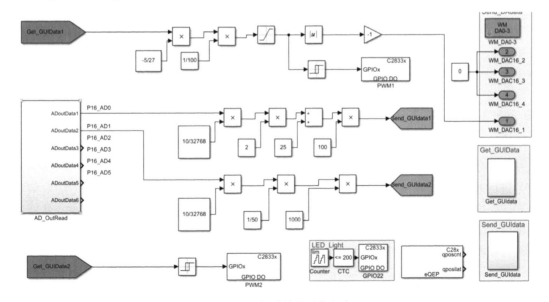

**图 10-17　振动信号采集程序**

### 10.2.3　信号滤波算法程序

电机械制动系统在运行过程中依靠各传感器进行信号的采集，而采集信号理论上应能够直接反映电机械制动系统的实时工况。但实际上，在采集信号中不可避免地掺杂各类信号干扰，使得传感器采集的原始信号既包含有真实信号也包含噪声干扰信号。因此，需要对传感器采集的信号进行滤波降噪，提纯能够反映真实工况的有用信号。常用信号滤波手段有虚拟仪器滤波与真实滤波器滤波，考虑到滤波方法的多样性与简易性，采用 Labview 的虚拟仪器结合滤波算法，进行传感器采集信号的信号处理工作。故可以使用 FFT 滤波、移动平均滤波、小波阈值滤波和奇异值分解滤波算法于 Labview 软件平台搭建信号滤波程序，其程序前面板如图 10-18 所示。以下将详细阐述各滤波算法的原理、程序编撰以及优劣性对比。

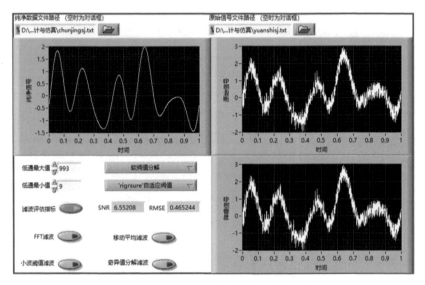

**图 10-18　Labview 信号滤波程序前面板**

#### 10.2.3.1　FFT 滤波

由于 FFT 变换可以得到采集信号的频率特征，因此可以在信号处理过程中选用 FFT 变换指导信号滤波程序的编写。FFT 滤波的原理为：将原始信号的高频段设置为 0，之后对信号进行 IFFT 变换就能得到滤掉高频噪声的信号。由于信号处理过程中，该方法对信号频率区间内施加了矩形低通滤波器，这种滤波方式不可避免地会产生较大的起伏；且低通滤波器在时间范围内是无限的，因此该方法对现实信号分析的影响仅体现在对滤波器的时域进行截断处理。时域上的截断必然带来频域上的振荡，并且在时域图上也可以看到很大的振荡。同时，FFT 变换的数据会得到一个复数结果，这会给信号处理工作带来较大的误差影响。因此，该方法在滤波效果理论上不是很理想。

FFT 滤波流程图如图 10-19 所示。研究对象在工作过程中产生的真实信号与各类干扰噪声信号一起，通过传感器混合传输至上位机形成原始信号进行数据处理。该信号通过快速傅里叶变换由时域转为频域，在频域信号领域加载低通滤波范围，以得到接近真实信号波段的后处理信号，最后对该频域信号进行 IFFT 变换可得到有用信号。依靠 FFT 滤波流程图于 Labview 中编写的 FFT 滤波程序如图 10-20 所示。

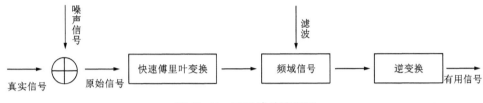

图 10-19　FFT 滤波流程图

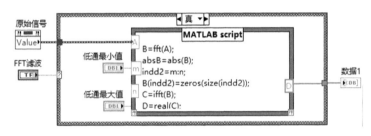

图 10-20　FFT 滤波程序

### 10.2.3.2　移动平均滤波

移动平均法，是一种时域思想上的信号光滑处理方法。移动平均滤波原理图如图 10-21 所示，对信号波段内某一点附近的采样点做算数平均处理，并将其作为这个点光滑后的值。为了防止数据出现相位偏差，设置窗口为对称窗口，同时窗口的数目一般为奇数。设计移动平均滤波程序如图 10-22 所示，程序选用 5 点平均（窗口长度为 5）公式为设计原理，原数据为 $x$，平滑后的数据为 $y$：

$$y = \frac{1}{5}(x_{n-1} + x_n + x_{n+1}) \tag{10-6}$$

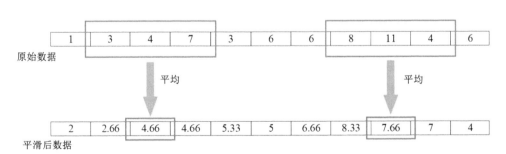

图 10-21　移动平均滤波原理图

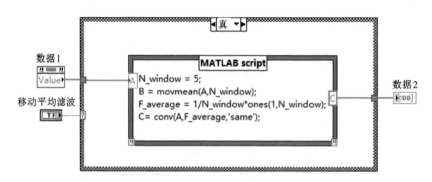

**图 10-22　移动平均滤波程序**

### 10.2.3.3　小波阈值滤波

　　小波阈值滤波的原理为消除被处理信号的无效部分，同时加强需要保留的信号部分。其原理图如图 10-23 所示，小波阈值滤波过程为：

　　（1）小波分解过程，即选定一种小波对采集的原始信号进行多层小波分解；

　　（2）阈值处理过程，对分解的各层系数进行阈值处理，获得估计小波系数；

　　（3）小波重构过程，根据去噪后的小波系数进行小波重构，获得滤波信号。

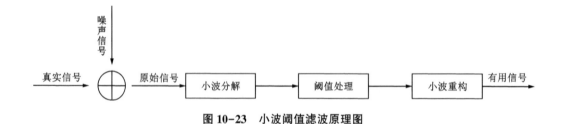

**图 10-23　小波阈值滤波原理图**

　　在小波域，真实信号对应的系数很大，而噪声信号对应的系数很小且满足高斯分布。因此，可以通过设定信号阈值大小，将原始信号在小波域某段区间内的系数置零，就能最大程度抑制噪声，并且对真实信号的损坏较小。目前，常见的阈值选择方法有无偏风险估计阈值、极大极小阈值、固定阈值和启发式阈值。

　　MATLAB 自带的自适应阈值选择函数，根据字符串 str 定义的阈值选择方法求信号 $X$ 的自适应阈值 thr。调用格式如下：

　　（1）str='rigrsure'：无偏风险估计阈值；

　　（2）str='minimaxi'：极大极小阈值；

　　（3）str='sqtwolog'：固定阈值；

　　（4）str='heursure'：启发式阈值。

　　在确定了高斯白噪声在小波域的阈值门限之后，就需要有一个阈值函数对含有噪声系数的小波系数进行过滤，去除高斯噪声系数，常用的阈值函数有硬阈值函数和软阈值函数。

硬阈值函数：当小波系数的绝对值大于给定阈值时，小波系数不变；小于给定阈值时，小波系数置零。

$$w_{thr} = \begin{cases} w & |w| \geqslant thr \\ 0 & |w| < thr \end{cases} \tag{10-7}$$

软阈值函数：当小波系数的绝对值大于给定阈值时，令小波系数减去阈值；小于给定阈值时，小波系数置零。

$$w_{thr} = \begin{cases} [\operatorname{sgn}(w)](|w| - thr) & |w| \geqslant thr \\ 0 & |w| < thr \end{cases} \tag{10-8}$$

根据小波阈值滤波原理，联合 Labview 与 MATLAB 平台设计程序如图 10-24 所示。

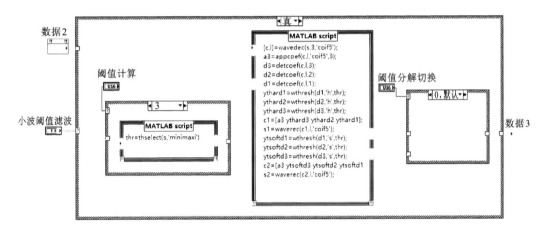

**图 10-24　小波阈值滤波程序**

### 10.2.3.4　奇异值分解滤波

基于奇异值分解的去噪声技术属于子空间算法的一种。简单来说，希望将带噪信号向量空间分解为由纯净信号主导和噪声信号主导的两个子空间，然后通过简单去除落在噪声空间中的带噪信号向量分量来估计纯净信号。要将带噪信号向量空间分解为信号子空间和噪声子空间，可以采用线性代数中的奇异值分解方法，同时奇异值分解需要基于汉克尔矩阵进行数据运算。

汉克尔矩阵（Hankel matrix）是指每一条副对角线上的元素都相等的方阵，其被频繁用于噪声的去除。一维信号构造汉克尔矩阵如下所示。

$$\boldsymbol{H} = \begin{pmatrix} S(1) & S(2) & \cdots & S(q) \\ S(2) & & & \vdots \\ \vdots & & \ddots & \vdots \\ S(p) & S(p+1) & \cdots & S(n) \end{pmatrix} \tag{10-9}$$

式中：$p = n/2$；$p + q - 1 = n$。

根据汉克尔矩阵，设计奇异值分解滤波程序如图 10-25 所示。

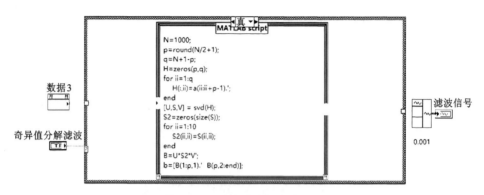

**图 10-25 奇异值分解滤波程序**

### 10.2.4 信号滤波客观评价指标

正确运用数据评价各不同信号滤波算法所编写程序的优劣性,需要合适的客观评价指标来对其进行数据量化评定。可选用信噪比与均方根误差作为数据信号滤波客观评价指标,该两种方法相辅相成,程序设计简单,能够解决现实中绝大部分滤波客观评价问题。

信噪比,英文名称叫作 SNR,又称讯噪比,是指信号与噪声的比例。信号指的是来自设备外部需要通过这台设备进行处理的电子信号,噪声是指经过该设备后产生的原信号中并不存在的无规则的额外信号(或信息),并且该种信号并不随原信号的变化而变化。

$$SNR = 10\lg \frac{\sum\limits_{i=1}^{n}(x_{signal,i})^2}{\sum\limits_{i=1}^{n}(x_{signal,i}-x_{denoised,i})^2} \tag{10-10}$$

式中:$x_{signal}$ 为滤波信号;$x_{denoised}$ 为纯净信号。

均方根误差(RMSE)也称标准误差,是均方误差的算术平方根。引入均方根误差与引入标准差(均方查)的原因是完全一致的,即均方误差的量纲与数据量纲不同,不能直观反映离散程度,故在均方误差上开平方根,得到均方根误差。

$$RMSE = \sqrt{\frac{1}{n}\sum\limits_{i=1}^{n}(x_{signal,i}-x_{denoised,i})^2} \tag{10-11}$$

以信噪比与均方根误差的计算公式设计的滤波客观评价指标程序如图 10-26 所示。

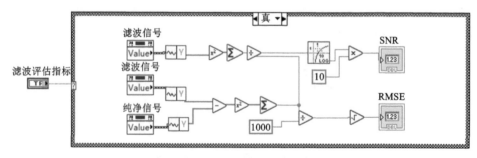

**图 10-26 滤波客观评价指标程序**

### 10.2.5　信号滤波仿真分析

为探究设计信号滤波程序的合理性，需要在其运用于实际试验前，对其进行信号滤波仿真处理。首先设定纯净信号函数为：

$$X = \sin(10\pi t) + 0.7\sin(4\pi t) + 0.4\sin(14\pi t - 1) \tag{10-12}$$

设定噪声信号函数为具有正态分布的伪随机数 Noise，则含噪原始信号为 $Y = X + \text{Noise}$，将生成的纯净信号 $X$ 与原始信号 $Y$ 导入 Labview 信号滤波程序中进行数据分析。

原始信号经程序处理得到时域、频谱图如图 10-27 所示。观察仿真信号频谱图，纯净信号与原始信号重叠部分集中在 0~20 Hz 的低频区域。设置采样时间为 $t = 1.0$ s，采样频率为 $f = 1000$ Hz，根据频域信号对称原理，则设置频域信号上所加载的低通滤波为 20~980 Hz，以此可得到 FFT 滤波数据设置参数。

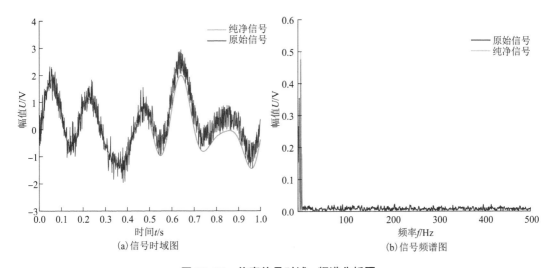

(a)信号时域图　　　　　　　　　(b)信号频谱图

**图 10-27　仿真信号时域、频谱分析图**

之后经过各滤波算法的处理，可得到信号滤波程序仿真分析图如图 10-28 所示。通过该图能够初步判断，原始信号经 FFT 滤波程序、移动平均滤波程序、小波阈值滤波程序和奇异值分解滤波程序处理后，噪声信号被有效抑制，并且 FFT 滤波波形与小波阈值滤波波形较为平滑与稳定；但要想得到滤波量化数据，需要对信号滤波仿真结果进行客观评价指标计算与分析。

经过信号滤波客观评价指标程序处理后的分析结果如表 10-2 所示，将其绘制成如图 10-29 所示的对比图，能够直观地对各算法滤波结果进行横向对比。对比图 10-29 与表 10-2 可知，SNR 最大值与 RMSE 最小值均位于小波阈值滤波处，同时与 FFT 滤波结果相差不大，表明该两种算法最优。考虑到 FFT 滤波算法需要预先进行信号时频转化，才能得到滤波范围，较小波阈值滤波算法而言比较脱离实际且过程烦琐，因此选用更优的小波阈值滤波算法程序作为实际信号滤波处理方法。

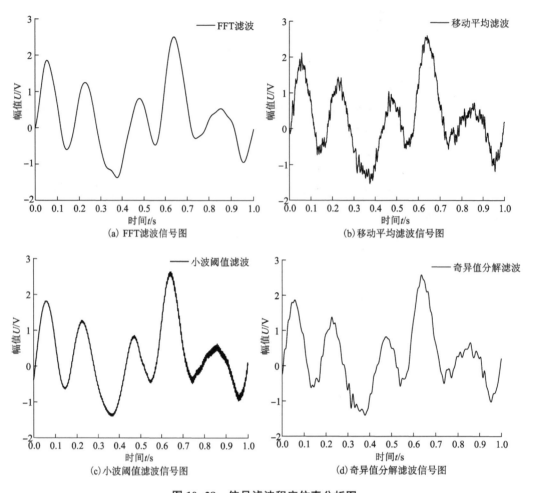

图 10-28 信号滤波程序仿真分析图

表 10-2 滤波指标对比表

| 滤波方法 | SNR | RMSE |
|---|---|---|
| FFT 滤波 | 8.257 | 0.366 |
| 移动平均滤波 | 7.873 | 0.385 |
| 小波阈值滤波 | 8.313 | 0.363 |
| 奇异值分解滤波 | 8.059 | 0.376 |

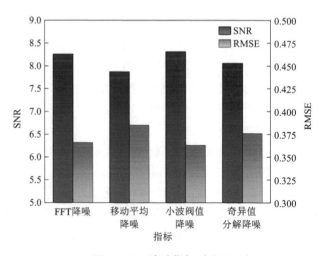

图 10-29 滤波指标对比图

## 10.2.6　制动器附加消音片减振试验

在设计好滤波降噪算法程序以及搭建好减振测试试验台后,对制动器闸瓦背部附加消音片进行减振试验。单片消音片厚度以游标卡尺测得约为 0.4 mm,试验时以消音片数目和制动电压为变量进行试验。其中,力矩电机电压的线性改变会使得制动器碟形弹簧的压缩量呈线性变化,进而使得制动器制动正压力呈线性改变。同时,为保证试验严谨性,采用压力传感器测得电机电压与制动正压力为线性关系,换算公式为 $F=1330U-1184$,因此可以用力矩电机的输入电压间接代替制动正压力。

试验过程中,具体操作步骤如下所示。

步骤 1:导入 cSPACE 信号采集与控制程序,并对试验台各部件进行检测。

步骤 2:设置制动器闸瓦无消音片,安装激光位移传感器与加速度传感器。

步骤 3:为保证实验安全,设置制动盘侧电机低速旋转,转速为 0.5 rad/s。

步骤 4:试验中制动力不宜过大且应满足制动需求,以 5~9 V 的整数制动电压进行五组制动实验,之后采集制动过程中的位移与振动数据并储存。

步骤 5:于步骤 2 中改变消音片的数量,设置 1~4 片消音片,重复步骤 2~步骤 4。

信号采集与控制程序中,设置传感器采样时间为 0.005 s,即传感器 1 s 内采样 200 个样本数。处理制动距离数据时,使振动发生点置于中央,并选取 1000 个样本点进行处理。由于信号噪声干扰使得激光位移传感器采集的制动距离信号具有较大的波动,难以提取与对比有效信息,因此需要将其导入 Labview,运用小波阈值降噪程序对其进行滤波降噪处理,其处理示意图如图 10-30 所示。由图 10-30 可以看出,制动位移数据经过小波阈值降噪程序后波形有明显改善,能够从中提取有效信息。

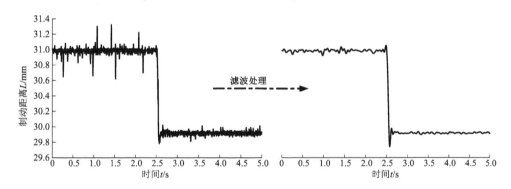

图 10-30　制动位移数据滤波示意图

为保证数据清晰,对滤波后的制动位移数据,选择振动发生最大时前后各 1 s 内的数据为处理段,即 2~3 s 内制动距离随时间变化曲线。将 5~9 V 内五组制动距离变换曲线进行图像对比,绘制制动器闸瓦附加不同数量消音片时制动电压与制动距离变换关系曲线,如图 10-31 所示。由图可知,制动试验前位移传感器示数始终保持为 31 mm 左右,并且制动距离最大变换区间始终位于 2.5 s 处,这表明制动时振动与闸盘闸瓦相接触发生在同一时刻。在消音片数目相同的情况下,随着制动电压的增大,制动距离也在逐渐增大,并且制动间隙超过了所设置的 1 mm 初始制动间隙。在附加不同数目消音片的试验中,可以观

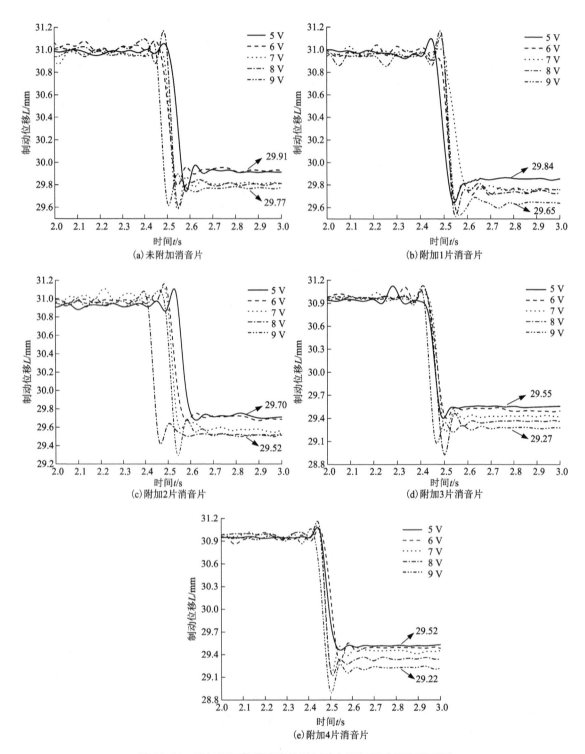

(a)未附加消音片　(b)附加1片消音片

(c)附加2片消音片　(d)附加3片消音片

(e)附加4片消音片

图10-31　附加不同数量消音片时制动电压与制动距离关系图

察到，随消音片数目的增加，试验中的制动间隙也在逐步增大，并且对不同的制动电压，制动距离始终保持 0.2 mm 左右的增量。从图 10-31 中可以观察到，制动发生时，闸盘闸瓦接触瞬间制动距离会超出试验制动平稳状态下的制动距离，这是由于制动瞬间闸盘位置发生变形，制动距离增大；随后，制动力的减小使得闸盘微小形变恢复，制动距离减小。

对于振动加速度传感器采集数据，将其振动幅值最大处前后各 1 s 内的数据进行图像绘制，同时对图像最大加速度绝对值进行绘图，如图 10-32 所示。由图可知，制动电压不变时，随着附加消音片数目的增加，传感器采集的制动瞬间最大振动加速度值在逐渐减小，说明消音片能够有效减小制动过程中对制动器的振动效果，并且其效果随消音片数目

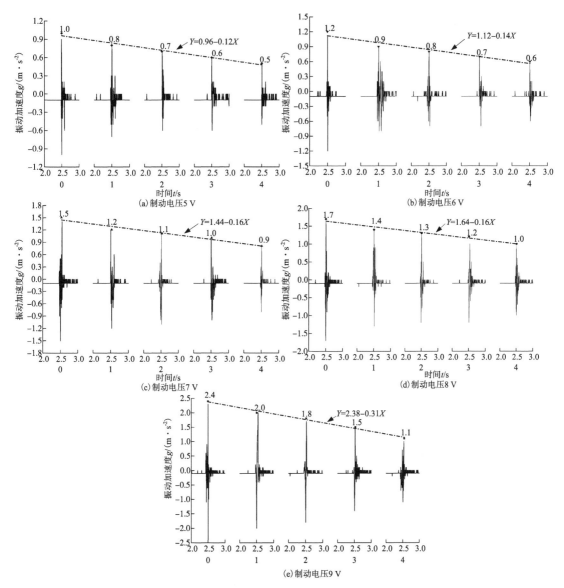

横轴第 2 行数字：0—未附加消音片；1—附加 1 片消音片；2—附加 2 片消音片；3—附加 3 片消音片；4—附加 4 片消音片。

**图 10-32  不同制动电压时消音片数目与振动加速度关系图**

的增加而增强。观察未附加消音片与附加 4 片消音片时加速度值连线可知，其范围内加速度值位于直线上下波动较小的范围内。因此，可以使用 origin 对最大振动加速度绝对值进行线性拟合。通过对比不同制动电压最大振动加速度绝对值拟合直线的斜率可知，随着制动电压的增大，斜率绝对值在逐渐增大，说明增加消音片数目进行试验的减振效果随电压的增大而增强，即制动器多附加消音片时可适用于高电压工况。

为更清晰地观察消音片数目与制动电压对制动过程中振动加速度的影响，将振动加速度的最大幅值汇总，如表 10-3 所示。同时，运用 MATLAB 三维绘图代码对振动加速度幅值进行三维绘图，如图 10-33 所示。由图可知，电压越高，增加消音片数目对制动器的减振作用越明显；同时，在 8 V 与 9 V 的变换中，振动加速度的变化明显高于 5~8 V 振动加速度的变换。而对于同一制动电压，未附加消音片时的振动加速度到附加 1 片消音片后的振动加速度变化量明显高于后续附加 1~4 片消音片振动加速度变化量。这说明制动器闸瓦附加消音片的措施，能够有效减小制动过程中的振动，而多片消音片叠加的安装方式使减振效果呈线性增强。

表 10-3　消音片数目与制动电压对振动加速度影响

| 消音片数目/片 | 5 V | 6 V | 7 V | 8 V | 9 V |
| --- | --- | --- | --- | --- | --- |
| 0 | 1.0 $g$ | 1.2 $g$ | 1.5 $g$ | 1.7 $g$ | 2.4 $g$ |
| 1 | 0.8 $g$ | 0.9 $g$ | 1.2 $g$ | 1.4 $g$ | 2.0 $g$ |
| 2 | 0.7 $g$ | 0.8 $g$ | 1.1 $g$ | 1.3 $g$ | 1.8 $g$ |
| 3 | 0.6 $g$ | 0.7 $g$ | 1.0 $g$ | 1.2 $g$ | 1.5 $g$ |
| 4 | 0.5 $g$ | 0.6 $g$ | 0.8 $g$ | 1.0 $g$ | 1.1 $g$ |

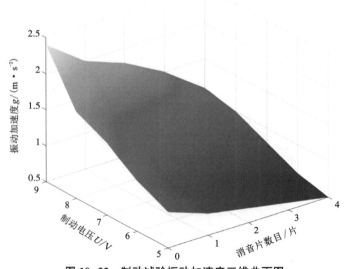

图 10-33　制动试验振动加速度三维曲面图

## 10.3　本章小结

　　本章为分析制动盘主轴运转过程中的不平衡故障信息，设计了轴心轨迹故障反馈制动在线控制程序，基于轴心轨迹不平衡故障特性中的 $X$ 轴振动偏移量为 $Y$ 轴的 $1.5\sim2.0$ 倍理论，设计了 Simulink 制动控制反馈程序。通过制动试验可知，cSPACE 控制器从采集信号到下达指令反应时间为 0.103 s，制动器的力矩电机接收断电信号至开始转动反应时间为 0.01 s，制动器内部碟形弹簧带动闸瓦压向制动盘完成制动所用时间为 1.175 s。故不平衡故障反馈制动控制所用时间为 1.278 s，该方法能够有效地监测与反馈制动系统主轴的不平衡故障。

　　同时，以制动器制动过程中需要进行减振分析为研究对象，提出了在闸瓦背部附加车辆领域常用消音片的减振措施。对制动器附加消音片及叠加消音片时制动过程中振动极值进行分析。由于采用激光位移传感器和振动加速度传感器进行信号采集工作，在 Labview 平台设计了四种滤波算法程序，同时使用信噪比与均方根误差设计了信号滤波客观评价指标程序，并对其进行了信号滤波仿真分析，得到最优滤波算法为小波阈值滤波分析法。之后，在制动器附加消音片减振试验中，运用小波阈值分析程序对传感器采集的制动距离数据进行了滤波处理，绘制了附加不同数量消音片时制动电压与制动距离关系图，可知消音片数目的增加使得制动器制动距离也在逐渐增大，间接说明了制动过程中多片消音片能够模拟弹簧的形变过程对减振作用造成影响。同时，采集制动过程中的振动加速度波形与最大绝对值，发现能够运用线性直线对最大绝对值进行拟合，得到斜率绝对值随制动电压递增的负相关函数关系式，说明消音片能够有效减小制动过程中对制动器的振动，并且其效果随消音片数目的增加而增强。

# 第 11 章

# 总　结

　　本书针对矿井提升机液压制动系统存在液压管路众多、结构复杂、维护成本高等方面的难题，深入分析了应用于汽车、航空航天和轨道交通领域的电机械制动技术；为简化提升机制动系统，基于矿井提升机制动系统中盘式制动器工作原理，设计了适用于矿井提升机的电机械制动器及制动器试验台，并进行了多目标优化设计、疲劳寿命分析、有限元仿真分析、可靠性分析和动力学分析等方面的研究；为模拟电机械制动器制动的动态制动过程、充分了解电机械制动器的响应性能、探究不同参数对制动器性能的影响，搭建了 PLC控制系统和电机械制动器样机与动、静态试验台实物，并进行了性能试验研究。本书主要研究内容与结论如下。

　　(1)基于超深矿井提升机系统运动学理论和制动原理，提出了一种适用于矿井提升机的电机械制动器设计方案，完成了"电机—减速增扭装置—运动换向—制动踏面"结构设计。通过控制碟形弹簧间接制动方式，实现了电机械制动器由主动制动到被动制动的转换。结合缩比试验理论对电机械制动器提出的制动要求(制动正压力 30 kN、间隙消除时间小于 0.2 s、制动间隙取 1 mm)，通过理论计算完成了电机、减速器、换向装置、碟形弹簧等关键部件的选型。选取 130LYX05 直流力矩电机为动力源，选取行星齿轮减速器($i=$6)为减速增扭装置，选取 SFU5005-4 滚珠丝杠作为运动转换装置，选取 A 系列碟形弹簧(对合组合放置 6 片)，最终完成了电机械制动器样机和动、静态试验台的结构设计，为搭建试验样机与试验台打下了坚实的基础。

　　(2)建立了电机、行星减速器等组件的动力学模型，考虑了静摩擦、库仑摩擦和黏滞摩擦对电机运行的影响，使得电机驱动模型更接近实际。基于拉格朗日方程，讨论了行星齿轮减速器传动时的八自由度模型，在考虑齿隙、啮合刚度、啮合阻尼和摩擦力对动力传递的影响时，分别针对太阳轮、行星轮的自转和公转、行星架进行了动力学方程的理论推导，得到了行星齿轮减速器的高阶减速增扭模型。分析了负载模型的受力状态，建立了螺杆和闸瓦的动力学方程。为提高计算效率，在高阶模型的基础上，以固定传动比代替行星减速器，以压力位移拟合曲线代替负载模型，简化了传动方程。在 Simulink 中搭建了执行机构动力学仿真模型，并仿真了螺母推力和制动间隙的响应曲线，验证了动力学分析和模型搭建的正确性。仿真结果表明了螺母推力随电压的变化而变化，跟随响应快，并证明了通过调节电枢电压控制制动力和制动间隙的可行性。

（3）根据力矩电机的性能特点和电机械制动系统的工作需求，设计了制动力与制动间隙、转速、电流三闭环控制系统，并搭建了相应的仿真模型。完成了 PID、模糊 PID 和 GA-PID 控制算法的设计，使用数学模型对控制系统进行了相应的仿真研究，对比分析了不同控制算法下制动力和制动间隙的响应曲线。仿真结果表明，GA-PID 在制动力控制和制动间隙控制阶段均表现较好，动态性能更优越，制动力控制时响应速度最快，超调量接近零，制动间隙控制时调节时间最短，响应曲线波动最小。通过仿真计算验证了控制算法的合理性，证明了电机械制动控制系统的控制效果满足制动器设计要求。

（4）基于多体动力学理论模型，建立了电机械制动器动力学仿真模型，采用控制变量法分析了制动响应性能、不同制动正压力、不同制动初速度和不同摩擦因数对制动性能的影响。仿真结果表明：①制动器响应性能。0.1 s 内可完成制动间隙的消除，且制动盘两侧的制动正压力相差 0.2%，与目标制动正压力 30 kN 左侧误差为 1.8%，右侧误差为 1.6%，整体制动时间约为 3.5 s。②不同制动正压力情况下，制动力 30 kN 与制动力 15 kN 两者制动时间相差 3.88 s。③不同转速情况下，制动盘仿真初速度为 1440°/s，与最大初速度 5760°/s 时的制动时间相差 2.52 s，且角减速度大小保持一致。④不同摩擦因数。当摩擦因数为 0.3 时，制动时间为 3.6 s；当摩擦因数为 0.325 时，制动时间为 3.4 s；当摩擦因数为 0.35 时，制动时间为 3.2 s。摩擦因数越大，制动效果越明显，所需制动时间越短。

（5）结合故障树分析法和贝叶斯网络，利用故障树模型建立过程能够直观体现故障事件之间的逻辑联系的优势，弥补贝叶斯网络模型建立复杂的缺点，而贝叶斯网络具有双向推理、处理事件多态性的优势，弥补了故障树推理的不足之处，通过故障树模型转化得到电机械制动系统贝叶斯网络模型。根据贝叶斯网络的推理能力正向推理叶节点的发生概率为 $2.19×10^{-2}$，利用 MATLAB 平台的 BNT 工具箱实现反向推理，基于仿真模型和调用的连接树引擎，计算出根节点的后验概率。最后，利用计算得到的后验概率确定根节点的重要度大小，并对推理结果进行分析。结果表明，根节点 $X_1$（滚珠丝杠损坏）对应的后验概率和重要度数值都是最大的，这表明滚珠丝杠是电机械制动系统最薄弱环节。

（6）建立了关键零部件壳体的有限元分析模型，开展了壳体的强度和刚度校核，分析了壳体的振动特性曲线；建立了壳体结构优化数学模型，完成了壳体的结构优化设计，并进行了疲劳寿命分析；对比分析了优化后壳体结构与碟形弹簧模态分析和谐响应分析结果。结果表明：①多目标优化后得到了壳体结构的最优解。壳体深度为 68 mm、碟形弹簧支撑面直径为 112 mm 和推力轴承直径为 72 mm，此时壳体整体质量为 6.09 kg，较优化前质量明显减轻。②优化前后的壳体结构率先疲劳失效的位置与应力集中的位置相同；优化前后寿命分别为 $2.026×10^9$ 次和 $1.027×10^{10}$ 次，优化后的壳体结构寿命提高了 20%。③在 30 kN 载荷力作用下，壳体结构的强度和刚度满足使用要求，对比分析优化后壳体结构与碟形弹簧模态分析和谐响应分析结果，得知制动器在制动过程中不会因共振而影响整体的结构的稳定性。

（7）搭建了电机械制动器样机实物、动静态试验台和 PLC 控制系统，完成了动力源-可编程直流电源、数据采集设备、三菱系列 PLC 模块等设备的选型，利用 GX-Works2 软件编写了控制系统控制程序，基于 PLC 开展了电机械制动器样机性能研究。试验结果表明：①输入电压与制动正压力呈线性关系，其斜率、截距分别为1330、-1184，拟合函数相关系数为0.979，拟合质量较高；堵转位移与制动正压力关系为非线性关系，得到了二阶拟合函数。②依据拟合函数计算得出制动器在输入电压为2 V、3 V、4 V、5 V、6 V、7 V情况下的制动正压力。通过试验，测试了制动器制动响应性能，发现制动器输出的制动正压力与理论值的误差在9%以内，且输入电压越大，响应速度越快。③实际压缩过程中，碟形弹簧压缩量与理论值误差百分比为8%左右。④同一转速、不同制动力情况下，制动力越大，制动减速度越大，制动时间越短；同一制动力、不同转速情况下，转速越大，制动减速度越小，制动时间越长。

（8）搭建了电机械制动系统试验测试平台，完成了执行机构样机的加工与装配，利用cSPACE控制箱实现了执行机构样机硬件在环试验。建立了离散滤波器，使得cSPACE读取数据质量更高。提出了电机械制动系统试验方案，对力矩电机转速特性、转矩特性和摩擦特性开展了试验测试，验证了动力学分析的相关结论，测试出电机的实际转矩系数为0.809 N·m/A，最大静摩擦力为0.23 N·m，并拟合出负载特性曲线。将控制算法离散化，通过试验平台测试了控制效果。试验验证了通过控制电压对制动力控制和制动间隙调节的合理性，测试了控制系统的控制效果。试验结果表明，PID、模糊PID、GA-PID均可将制动力和制动间隙控制在目标值附近，不同算法的差距较小，在制动力和制动间隙响应曲线性能指标上，模糊PID优势点更多，适应性更强。

（9）以电机械制动系统制动盘传动主轴为研究对象，为分析制动盘主轴运转过程中的不平衡故障信息，设计了轴心轨迹离线提纯程序。以集合经验模态分解算法编写的轴心轨迹提纯程序为基础，选择在转盘单侧附加配重块的方法设计了转子不平衡故障试验。结果显示，滤波重构后的X轴与Y轴IMF分量在经过相关分析与能量分析后，IMF 6分量相关系数为0.8左右，能量占比为0.5以上，能够视为有效成分。随后，程序自动将两轴的IMF 6分量进行信号重构，绘制试验轴心轨迹图。根据图像对比可知，主轴不平衡轴心轨迹为标准椭圆形，该提纯方法有效提取并显示了电机械制动系统制动盘主轴的不平衡故障。

（10）分析了制动盘主轴运转过程中的不平衡故障信息，设计了轴心轨迹故障反馈制动在线控制程序，基于轴心轨迹不平衡故障特性中的X轴振动偏移量为Y轴的1.5~2.0倍理论，设计了Simulink制动控制反馈程序。进行制动试验可知，cSPACE控制器从采集信号到下达指令的反应时间为0.103 s，制动器的力矩电机从接收断电信号至开始转动的反应时间为0.01 s，制动器内部碟形弹簧带动闸瓦压向制动盘完成制动所用时间为1.175 s，故不平衡故障反馈制动控制所用时间为1.278 s。该方法能够有效完成对制动系统主轴不平衡故障的监测与反馈，同时以制动器制动过程中需要进行减振分析为研究对象，提出了在闸瓦背部附加车辆领域常用消音片的减振措施。因此，需要对制动器附加消音片以及叠加消音片时制动过程中振动极值进行分析。由于采用激光位移传感器和振动加速度传感器进行信号采集工作，故需要设计合适的滤波降噪程序对传感器信号进行后续的数据处理工作。于Labview平台设计了四种滤波算法程序，同时用信噪比与均方根误差设计了信号滤波客观评价指标程序，并对其进行了信号滤波仿真分析，得到最优滤波算法为小波阈值滤波分析法。之后，在制动器附加消音片减振试验中，运用小波阈值分析程序对传感器采集的制动距离数据进行了滤波处理，用 origin 绘制了附加不同数量消音片时制动电压与制动距离关系图，由图可知消音片数目的增加使得制动器制动距离也在逐渐增大，这间接说明了制动过程中多片消音片能够模拟弹簧的形变过程，对减振作用造成影响。同时，将制动过程中采集的振动加速度波形与最大绝对值绘制成图，发现能够运用线性直线对最大绝对值进行拟合，得到斜率绝对值随制动电压递增的负相关函数关系式，说明消音片能够有效减小制动过程中对制动器的振动，并且其效果随消音片数目的增加而增强。

# 参考文献

[1] 康红普，王国法，王双明，等.煤炭行业高质量发展研究[J].中国工程科学，2021，23(5)：130-138.

[2] 王国法，徐亚军，张金虎，等.煤矿智能化开采新进展[J].煤炭科学技术，2021，49(1)：1-10.

[3] 范京道，徐建军，张玉良，等.不同煤层地质条件下智能化无人综采技术[J].煤炭科学技术，2019，47(3)：43-52.

[4] 谢和平，王金华，王国法，等.煤炭革命新理念与煤炭科技发展构想[J].煤炭学报，2018，43(5)：1187-1197.

[5] 谢和平，高峰，鞠杨，等.深地煤炭资源流态化开采理论与技术构想[J].煤炭学报，2017，42(3)：547-556.

[6] 王国法，王虹，任怀伟，等.智慧煤矿 2025 情景目标和发展路径[J].煤炭学报，2018，43(2)：295-305.

[7] 唐恩贤，张玉良，马骋.煤矿智能化开采技术研究现状及展望[J].煤炭科学技术，2019，47(10)：111-115.

[8] 李明利.煤矿立井提升中安全问题探讨[J].煤炭工程，2020，52(S1)：88-91.

[9] 鲍久圣.提升机紧急制动闸瓦摩擦磨损特性及其突变行为研究[D].徐州：中国矿业大学，2009.

[10] 邵俊河，张兆海.论矿井盘式制动器的可靠性[J].山东煤炭科技，2010(4)：154-156.

[11] 张世龙，张民波，朱仁豪，等.近 5 年我国煤矿事故特征分析及防治对策[J].煤炭与化工，2021，44(8)：101-106，109.

[12] 张晓兵.提高矿井提升机制动系统安全性和稳定性的方法研究[J].中国石油和化工标准与质量，2020，40(10)：158-159.

[13] YAMASAKI T, EGUCHI M. Electromechanical linear-motion actuator and electromechanical brake system：US2010084230AI[P]. 2010-04-08.

[14] CORIO L F. Aircraft brake and method with electromechanical actuator modules：US6095293A[P]. 2000-08-01.

[15] 赵逸云，林辉，李兵强，等.城轨列车电子机械制动系统的非线性 PI 控制[J].吉林大学学报(工学版)，2021，51(5)：1593-1600.

[16] 吴萌岭，周嘉俊，田春，等.轨道交通制动系统创新技术[J].现代城市轨道交通，2019(7)：30-35.

[17] YEON R H, HO K M, MIN J K, et al. Implementation of electro-mechanical brake for brake-by-wire system of electric vehicle[J]. Journal of the Korean Society of Industry Convergence, 2017, 20(4)：313-323.

[18] KRISHNAMURTHY P, LU W, KHORRAMI F, et al. A Robust Force Controller for an SRM Based Electromechanical Brake System[C]// IEEE Conference on Decision & Control.

[19] 张猛，宋健.电子机械制动系统发展现状[J].机械科学与技术，2005(2)：208-211.

[20] 韩伟,熊璐,侯一萌,等.基于线控制动系统的车辆横摆稳定性优化控制[J].同济大学学报(自然科学版),2017,45(5):732-740.

[21] 阎雨薇.矿井提升机系统可靠性建模与分析[D].太原:太原理工大学,2014.

[22] 张国虎.矿井提升机制动技术的发展[J].科技传播,2014,6(18):77-81.

[23] LYYAPPAN M, PAUI M P, MOSES N, Design and Analysis of Disc Brake using ANSYS [J]. International Journal of Recent Technology and Engineering, 2019, 8(4): 10468-10470.

[24] 邱冰静,冯琪,李婷.矿用提升机盘式制动器的设计[J].煤矿机械,2011,32(7):7-9.

[25] 冯敏.矿井提升机盘式制动器失效原因分析及解决方案研究[D].长沙:中南大学,2012.

[26] 贾玉景,代颖军.矿井提升机盘式制动器设计[J].机床与液压,2014,42(10):57-58,71.

[27] 唐进元,赵国伟.一种盘式制动器钳体轻量化设计研究[J].中国机械工程,2015,26(17):2285-2290.

[28] 胡全丹,吴广清,葛辰.基于温度场仿真分析的矿用盘式制动器结构改进[J].煤矿机械,2016,37(3):120-122.

[29] 刘英华,惠梦梦,徐桂云.碟簧尺寸偏差导致提升机盘式制动器失效分析[J].矿山机械,2019,47(8):20-24.

[30] 施佳辉,王东方,缪小冬.简谐载荷下的盘式制动器振动噪声分析及试验[J].西华大学学报(自然科学版),2019,38(5):36-42.

[31] 惠梦梦.提升机液压制动器结构优化与性能分析研究[D].徐州:中国矿业大学,2020.

[32] MASOOMI M, KATBAB A A, NAZOCKDAST H. Reduction of Noise from Disc Brake Systems Using Composite Friction Materials Containing Thermoplastic Elastomers (TPEs) [J]. Applied Composite Materials, 2006, 13(5): 305-319.

[33] SODERBERG A, ANDERSSON S. Simulation of wear and contact pressure distribution at the pad-to-rotor interface in a disc brake using general purpose finite element analysis software[J]. Wear, 2009, 267 (12): 2243-2251.

[34] MATSUSHIMA T, IZUI K, NISHIWAKI S. A Conceptual Design Method of Disc Brake Systems for Reducing Brake Squeal Considering Pressure Distribution Variations[J]. Journal of the Japan Society for Precision Engineering, 2011, 77(8): 973-980.

[35] OSENIN Y I, SOSNOV I I, CHESNOKOV A V, et al. Friction Unit of a Disc Brake Based on a Combination of Friction Materials[J]. Journal of Friction and Wear, 2019, 40(4): 293-296.

[36] 李生军.矿井提升机液压制动系统可靠性分析与探讨[J].中国矿山工程,2013,42(4):55-58.

[37] 黄家海,郭晓霞,权龙,等.软硬件冗余矿井提升机恒减速制动系统研制[J].中国机械工程,2016,27(4):475-478.

[38] 李娟娟,张伟,孟国营,等.矿井提升机制动系统故障诊断研究综述[J].煤炭工程,2017,49(10):154-157.

[39] 李娟莉,王健,杨兆建.基于三层信息融合的提升机制动系统故障诊断[J].振动、测试与诊断,2018,38(2):407-412,426.

[40] 王刚,狄亚鹏,李建涛.超深矿井提升机盘形闸制动系统机电液仿真建模[J].中南大学学报(自然科学版),2018,49(4):848-856.

[41] ALEKSENDRIC D, BARTON D C. Neural network prediction of disc brake performance[J]. Tribology International, 2009, 42(7): 1074-1080.

[42] BAO J, ZHU Z, TONG M, et al. Dynamic Friction Heat Model for Disc Brake During Emergency Braking

［J］. Advanced Science Letters，2011（12）：5.

［43］ WOLNY S. Emergency Braking of a Mine Hoist in the Context of the Braking System Selection［J］. Archives of Mining Sciences，2017，62（1）：45-54.

［44］ YEVTUSHENKO A A，GRZES P. Axisymmetric FEA of temperature in a pad/disc brake system at temperature-dependent coefficients of friction and wear［J］. International Communications in Heat & Mass Transfer，2012，39（8）：1045-1053.

［45］ MARTIN S，Antonio P，Henry H，et al. Electromech-anical brake with self-boosting and varying wedge angle：US 6986411B2［P］. 2006-01-17.

［46］ KELLING N A，LETEINTURIER P. X-by-Wire：Opportunities，Challenges and Trends［J］. Vehicle Networking，2003.

［47］ TREVETT N R，SEDERBERG P C，STIVER J L，et al. X-by-Wire，New Technologies for 42 V Bus Automobile of the Future By［J］. south carolina honors college，2002.

［48］ KAWAHARA Y，YOKOYAMA A，KURAGAKI S，et al. Electro-mechanical brake system and electro-mechanical brake apparatus used therefor［J］. US，2010.

［49］ SABABHA B H，ALQUDAH Y A. A reconfiguration-based fault-tolerant anti-lock brake-by-wire system ［J］. ACM Transactions on edded Computing Systems，2018，17（5）：1-13.

［50］ PARK K，HEO S J. A study on the brake-by-wire system using hardware-in-the-loop simulation ［J］. International Journal of Vehicle Design，2004，36（1）：38-49.

［51］ 南京政信，彭惠民. 日本制动装置的最新研发动向［J］. 国外铁道车辆，2012，49（5）：14-17.

［52］ SEUNG K B，HYUCK K O，MIN H K，et al. A design method of three-phase IPMSM and clamping force control for high-speed train ［J］. Journal of the Korea Academia-Industrial Cooperation Society，2018，19（4）：578-585.

［53］ 张猛. 电子机械制动系统（电机械制动）试验台的开发［D］. 北京：清华大学，2004.

［54］ 赵春花. 汽车电子机械制动系统执行机构的设计研究［D］. 南京：南京理工大学，2009.

［55］ 傅云峰. 汽车电子机械制动系统设计及其关键技术研究［D］. 杭州：浙江大学，2013.

［56］ 赵一博. 电子机械制动系统执行机构的研究与开发［D］. 北京：清华大学，2010.

［57］ 杨坤. 轻型汽车电子机械制动及稳定性控制系统研究［D］. 长春：吉林大学，2009.

［58］ LINE C，MANZIE C，GOOD M C. Electromechanical Brake Modeling and Control：From PI to MPC ［J］. IEEE Transactions on Control Systems Technology，2008，16（3）：446-457.

［59］ PARK G，CHOI S B. Clamping force control based on dynamic model estimation for electromechanical brakes［J］. Proceedings of the Institution of Mechanical Engineers Part D Journal of Automobile Engineering，2018，232（14）：2000-2013.

［60］ LEE C F，MANZIE C. Active Brake Judder Attenuation Using an Electromechanical Brake-by-Wire System［J］. IEEE/ASME Transactions on Mechatronics，2016，21（6）：2964-2976.

［61］ LEE C F. Brake force control and judder compensation of an automotive electromechanical brake［J］. Department of Mechanical Engineering Melbourne School of Engineering，2013.

［62］ 贾明菲. 汽车线控制动执行器控制策略研究［D］. 长沙：湖南大学，2018.

［63］ 朱雪青. 电子机械式制动器的控制方法研究［J］. 客车技术，2019（3）：3-7.

［64］ 吴萌岭，雷驰，陈茂林. 基于列车电机械制动系统夹紧力的控制算法优化［J］. 同济大学学报（自然科学版），2020，48（6）：898-903.

［65］ 陆悦超，左建勇，吴萌岭. 地铁车辆制动电子控制单元试验台［J］. 城市轨道交通研究，2010，

13(9)：85-89, 93.

[66] 吴萌岭, 雷驰, 陈茂林. 基于列车电机械制动系统夹紧力的控制算法优化[J]. 同济大学学报(自然科学版), 2020, 48(6)：898-903.

[67] WOLNY S. Emergency Braking of a Mine Hoist in the Context of the Braking System Selection [J]. Archives of Mining Sciences, 2017, 62(1)：45-54.

[68] SABABHA B H, ALQUDAH Y A. A Reconfiguration-Based Fault-Tolerant Anti-Lock Brake-by-Wire System[J]. ACM Transactions on edded Computing Systems (TECS), 2018, 17(5)：1-13.

[69] JIA C, LI Y S, WANG B H, et al. Research on Nonlinear Dynamical Behaviors of Mine Hoist Transmission System under External Excitation[J]. Advanced Materials Research, 2012(619)：9-13.

[70] 冯浩亮, 马伟, 李济顺, 等. 超深矿井钢丝绳张力平衡装置动态响应分析[J]. 河南科技大学学报(自然科学版), 2016, 37(1)：9-14, 4-5.

[71] 周广林, 张继通, 刘训涛, 等. 基于模糊动态故障树的提升机盘式制动系统可靠性研究[J]. 煤炭学报, 2019, 44(2)：639-646.

[72] Atia M R A, Haggag S A, Kamal A MM. Enhanced electromechanical brake-by-wire system using sliding mode controller [J]. Journal of Dynamic Systems Measurement and Control Transactions of the ASME, 2016, 138(4)：1-6.

[73] 徐文臣, 矫健, 陈宇, 等. 立式四对轮新型旋压机结构设计及优化分析[J]. 锻压技术, 2019, 44(1)：102-112.

[74] 高云凯, 徐成民, 方剑光. 车身台架疲劳试验程序载荷谱研究[J]. 机械工程学报, 2014, 50(4)：92-98.

[75] 刘林华, 辛勇, 汪伟. 基于折衷规划的车架结构多目标拓扑优化设计[J]. 机械科学与技术, 2011, 30(3)：382-385.

[76] 葛世程, 郭着雨, 梁熙, 等. 摆动柔顺式吊钩结构参数的多目标优化[J]. 上海交通大学学报, 2021, 55(11)：1467-1475.

[77] 赵丽娟, 马永志. 基于多体动力学的采煤机截割部可靠性研究 [J]. 煤炭学报, 2009, 34(9)：1271-1275.

[78] 赵丽娟, 马永志. 刚柔耦合系统建模与仿真关键技术研究[J]. 计算机工程与应用, 2010, 46(2)：243-248.

[79] 何玉林, 黄伟, 李成武, 等. 大型风力发电机传动链多柔体动力学建模与仿真分析[J]. 机械工程学报, 2014, 50(1)：61-69.

[80] 张立军, 王世忠, 钱敏, 等. 盘-销系统摩擦尖叫的多柔体动力学模型[J]. 振动与冲击, 2013, 32(14)：180-184.

[81] 周国良. 基于西门子 PLC 和光电编码器的粉碎机转速测量[J]. 科技风, 2021(25)：100-102.

[82] 刘善增. PLC 控制系统的可靠性设计[J]. 工业控制计算机, 2004(7)：37-39, 47.

[83] YANG M. Communication Design of PLC's Distributed Control System Based on RS485[J]. Computer Science, 2008.

[84] WANG H Q, JIN H Q, SHEN X. Distributed Control System of Automatic Production Line for Roasted Green Tea Based on PLC [J]. Light Industry Machinery, 2012, 30(5)：63-65, 68.

**图书在版编目(CIP)数据**

面向矿井提升机的电机械制动方法与试验研究／
靳华伟著. --长沙：中南大学出版社，2024.7.
    ISBN 978-7-5487-5869-3

    Ⅰ. TD534

中国国家版本馆 CIP 数据核字第 2024ZN8173 号

## 面向矿井提升机的电机械制动方法与试验研究

MIANXIANG KUANGJING TISHENGJI DE DIANJIXIE ZHIDONG FANGFA YU SHIYAN YANJIU

靳华伟　著

| | | |
|---|---|---|
| □出 版 人 | 林绵优 | |
| □责任编辑 | 刘锦伟 | |
| □责任印制 | 唐　曦 | |
| □出版发行 | 中南大学出版社 | |
| | 社址：长沙市麓山南路 | 邮编：410083 |
| | 发行科电话：0731-88876770 | 传真：0731-88710482 |
| □印　　装 | 长沙创峰印务有限公司 | |

| | | | | |
|---|---|---|---|---|
| □开　　本 | 787 mm×1092 mm 1/16 | □印张 12.75 | □字数 306 千字 | |
| □版　　次 | 2024 年 7 月第 1 版 | □印次 2024 年 7 月第 1 次印刷 | | |
| □书　　号 | ISBN 978-7-5487-5869-3 | | | |
| □定　　价 | 66.00 元 | | | |